中文版

3ds Max

三维效果图设计

实战案例解析

周彬 —————— 编著

U0228523

清华大学出版社
北京

内 容 简 介

本书全面、系统地剖析了 3ds Max 在模型设计、产品设计、室内设计、商业空间设计、室外设计、展示设计、广告设计、动画设计行业中的实际应用,注重案例与理论的学习。全书共设置 19 个精美实用的案例,大部分案例以"设计思路"+"配色方案"+"空间布局"+"项目实战"的方式编写,可以方便零基础的读者由浅入深地学习,从而循序渐进地提升 3ds Max 的操作能力及富有创意的设计能力。

本书共设置 8 个章节,按热门行业进行章节类别划分,分别为模型设计、产品设计、室内设计、商业空间设计、室外设计、展示设计、广告设计、动画设计。

本书不仅适合作为室内外设计、工业产品设计、广告设计、影视动画设计等从业人员的参考书籍,也可作为大、中专院校和培训机构室内外设计、工业产品设计、广告设计、影视动画设计等专业的教材,还可供三维设计爱好者使用。

图书在版编目 (CIP) 数据

中文版 3ds Max 三维效果图设计实战案例解析 / 周彬编著 . —北京:清华大学出版社,2023.5
ISBN 978-7-302-62908-5

Ⅰ.①中… Ⅱ.①周… Ⅲ.①三维动画软件 Ⅳ.① TP391.414

中国国家版本馆 CIP 数据核字 (2023) 第 038381 号

责任编辑:韩宜波
封面设计:杨玉兰
版式设计:方加青
责任校对:李玉茹
责任印制:曹婉颖

出版发行:清华大学出版社
   网   址:http://www.tup.com.cn,http://www.wqbook.com
   地   址:北京清华大学学研大厦 A 座   邮   编:100084
   社 总 机:010-83470000   邮   购:010-62786544
   投稿与读者服务:010-62776969,c-service@tup.tsinghua.edu.cn
   质 量 反 馈:010-62772015,zhiliang@tup.tsinghua.edu.cn
印 装 者:河北华商印刷有限公司
经   销:全国新华书店
开   本:185mm×260mm   印   张:15   字   数:365 千字
版   次:2023 年 5 月第 1 版   印   次:2023 年 5 月第 1 次印刷
定   价:79.80 元

产品编号:093165-01

3ds Max是Autodesk公司推出的一款三维设计软件，广泛应用于室内外设计、工业产品设计、广告设计、影视动画设计等行业。基于3ds Max在三维领域的应用度之高，我们编写了本书。本书选择了三维设计中最为实用的19个综合案例，基本涵盖了常用的行业。

与同类书籍的编写方式相比，本书最大的特点在于更加侧重以行业使用案例为核心，以理论分析为依据，使读者既能掌握案例的制作流程和方法，又能了解行业理论和案例设计思路。

● 本书内容 ●

第1章　模型设计，包括3个常见模型的设计流程。

第2章　产品设计，包括5个常见产品的设计流程。

第3章　室内设计，包括明亮小户型客厅、现代风格休息室一角、混搭风格夜晚卧室表现的完整设计流程。

第4章　商业空间设计，包括别墅客厅商业空间的完整设计流程。

第5章　室外设计，包括室外雪景景观的完整设计流程。

第6章　展示设计，包括明亮中式客厅日景展示、现代极简风格办公室空间展示陈列的完整设计流程。

第7章　广告设计，包括酒类广告的完整设计流程。

第8章　动画设计，包括舞台撒花动画效果、掉落的球体动画效果、文字破碎分离动画效果的完整设计流程。

● 本书特色 ●

◎ 涵盖行业多。本书涵盖了模型设计、产品设计、室内设计、商业空间设计、室外设计、展示设计、广告设计、动画设计8大主流三维应用行业，一书在手，数技在身。

◎ 学习易上手。本书案例虽然为中大型实用案例，但写作由浅入深，步骤详细，即使零基础的读者，也能轻松学习，从入门到精通。

◎ 理论结合实际。本书每章都安排了行业的基础理论简述，大部分案例配有"设计思路""配色方案""空间布局""项目实战"，让读者不仅会软件操作，还能懂得设计思路，如此才能融会贯通，更快提高设计能力。

本书由淄博职业学院的周彬老师编写，其他参与本书内容编写和整理工作的人员还有杨力、王萍、李芳、孙晓军、杨宗香等。

本书提供了案例的素材文件、效果文件以及视频文件，扫一扫下面的二维码，推送到自己的邮箱后下载获取。

素材和效果1　　　　　　　　　素材和效果2　　　　　　　　　视频

由于作者水平有限，书中难免存在疏漏和不妥之处，敬请广大读者批评和指正。

编　者

Contents
目录

第 1 章　模型设计

第 2 章　产品设计

第7章 广告设计

第8章 动画设计

模型设计

· 本章概述 ·

　　模型设计是指使用合适的材料、加工手段以及表面工艺，以实体的形式展现出设计方案。模型设计是根据原有物体进行加工设计制作的过程，通过模型形态、规格、质感、色彩等方面表现设计想法。本章主要从模型设计的概念、模型设计的常见类型、模型设计的材料与模型设计的原则四个方面进行介绍。

模型设计概述

模型设计以立体形式表现设计者的创作意图，通过真实的比例与完整的形态特征向观者展现产品、建筑或空间。

1.1.1 什么是模型设计

模型设计可以从广义与狭义两个方面进行解读。广义的模型设计是指针对研究的对象，包括系统、物品或是概念的设计过程，是对现实存在的事物或现象的简述或是对物品的模仿。狭义的模型设计是指设计师利用不同的材料、技术与手段，制作出平面或立体的形式表现设计方案，如图1-1所示。

图1-1

1.1.2 模型设计的常见类型

模型是表现设计方案与设计构思的一种方式。模型根据不同的角度可以分为不同的类型。本节根据模型设计的内容进行划分，可分为以下几种类型。

建筑模型：广泛用于房地产开发、商品房销售等方面，包括小区、住宅、别墅、写字楼、商场等不同内容的建筑模型设计，表现出建筑物的真实比例、形态、结构、色彩、环境等，如图1-2所示。

图1-2

城市规划模型：是展示城市建设与规划设计的重要形式。城市规划模型对于整体的建筑、景观、灯光与色彩等方面要求较高，注重空间主次和层次，力求还原真实的现实空间，如图1-3所示。

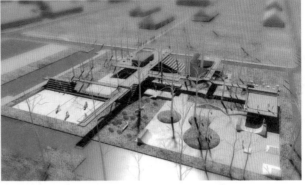

图1-3

园林景观模型：园林景观模型的精细程度对于整体景观环境的展示效果具有较大的影响，优美的绿化环境与植物模型可以带来更好的视觉体验，如图1-4所示。

图1-4

室内模型：室内模型用来展示建筑物的内部空间、室内陈设与结构效果，如图1-5所示。

图1-5

家具模型：家具模型多使用木质与纸质材料，按照一定的比例还原真实的家具结构与形状，如图1-6所示。

图1-6

产品模型：产品模型根据产品的外形、色彩、形态等方面的特征，使用不同的材料制作出与真实产品几近相同的模型，如图1-7所示。

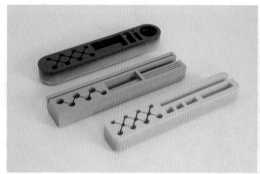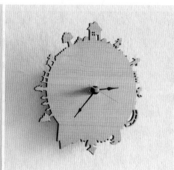

图1-7

展示模型：展示模型使观者直观地观看并了解产品的结构、形态以及一些细节内容，如图1-8所示。

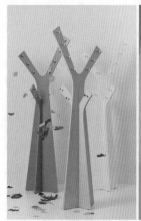

图1-8

动漫影视模型：是指动漫影视中出现的相关的人物、动物、车辆等模型，也称为周边产品。其特点是观赏、收藏价值较高，但使用价值较低，如图1-9所示。

图1-9

1.1.3 模型设计的材料

不同企业的产品类型大多不同，需要制作的模型规模、表面质感、色彩亦不同，因此，对于制作材料的选择也不尽相同。常见的制作材料包括以下几种。

黏土：黏土的可塑性较强，在模型制作过程中可以反复调整与修改，还可以重复使用，多用于翻模与雕塑的制作。黏土模型如图1-10所示。

图1-10

泥：泥多用于工业设计、动漫人物、动物等形态结构特殊、细节要求较高的模型制作。其具有造型丰富精细、可塑性强的特点。泥塑模型如图1-11所示。

图1-11

石膏：石膏适用于各种类型的模型制作，价格适宜，易于修补与存放，同时方便展示。石膏模型如图1-12所示。

图1-12

塑料：塑料具有质量轻、耐腐蚀、强度高、加工便捷等特点。常见的塑料品种有PVC板、KT板、有机玻璃、玻璃纸、泡沫塑料板等。塑料模型如图1-13所示。

图1-13

纸：纸质材料常用于结构模型中，例如房地产、地形、建筑等模型制作。常见的纸质材料有卡纸、卡板、瓦楞纸、吹塑纸、绒纸与激光纸等。纸质模型如图1-14所示。

图1-14

木材：木质材料的天然纹理装饰性较好，多用于器具、家具与建筑的模型制作。其具有纹理细腻、加工方便的特点。常见的木材种类包括天然木材与人造板材。木质模型如图1-15所示。

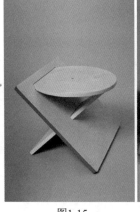

图1-15

金属：金属模型着重于成本与力学原理，根据金属材料的强度、韧性、硬度、弹性、抗压性、延展性等方面进行考量。常见的金属材料有铝合金、不锈钢与铅等，多用于建筑模型的结构与外观展示。金属模型如图1-16所示。

图1-16

玻璃：玻璃具有较强的透光、透视性能，光泽度较好，色彩丰富，能起到装饰的作用。玻璃模型如图1-17所示。

图1-17

1.1.4 模型设计的原则

　　模型是面向观者展示产品或概念设计特点的一种方式，使观者可以提前了解产品或建筑完成后的效果；同时，通过模型的制作可以改进并优化设计，使设计方案更加完善。在进行模型设计时须遵循以下几个原则。

　　工艺性原则：在模型制作与设计的过程中，需要尽可能地使用先进的设备与材料，利用精湛的技艺保证模型的结构与外观。

　　艺术性原则：无论是产品模型、建筑模型抑或是玩具手办的制作设计，都是一种造型设计的体现，表现出视觉美感与艺术特征。

　　灵活性原则：模型设计的灵活性体现在设计与制作的过程中，不同的阶段需要不同的材料，并要进行比例的选择与细节的把握。

　　真实性原则：真实性是指在设计并制作模型时，要将原型的结构、形态、外观、质地等方面真实地体现出来，如图1-18所示。

图1-18

1.2 模型设计实战

1.2.1 实例：四角柜子模型

设计思路

案例类型：

本案例是一款四角柜子的模型设计，作品如图1-19所示。

图1-19

项目诉求：

本案例是带有支撑脚的四角柜子模型设计，追求天然、简约的风格，整体为木材结构，带有自然的木材纹理，储物的同时展现材料质感，赋予空间自然美感。一些木材家具如图1-20所示。

图1-20

设计定位：

柜子底部的支撑脚抬高了柜子的高度，方便使用的同时利于防潮、清洁。柜子表面的木色带有原始、自然的美感，具有朴素、沉稳的装饰效果。线条干净、清晰，给人简约、清新的感觉，整个家居空间充满温馨与自然的气息。柜门使用鲜艳的黄色进行设计，展现出大胆、鲜活、时尚的风格，与木质柜体形成传统与现代的碰撞，使传统、自然的北欧风格家具具有新的表现，如图1-21所示。

图1-21

配色方案

北欧风格常表现出回归自然、古朴的特点，使用木色进行装修，以淡棕色等木材本色为主。本案例中柜体以浅驼色与黄色进行搭配，既体现出木材的天然纹理，展现自然之美；同时活泼的黄色增添个性与时尚之感，融入了现代风格。

主色：

本案例以浅驼色为主色，包括柜体与支撑脚等，展现出木材的原始纹理，赋予自然、天然的内涵。木色古朴、素雅，彰显了北欧风格简约、朴实、沉稳的效果，如图1-22所示。

图1-22

辅助色：

如果家具整体均采用木材本色会显得呆板、单调，给人以无趣、老气的感觉。因此使用黄色作为辅助色。黄色柜门明度与纯度较高，同时黄色表现出鲜活、热情的特质，与传统、古朴的家具风格形成碰撞，带来极强的视觉刺激与吸引力。主色与辅助色的效果如图1-23所示。

图1-23

模型特点

本案例中柜子由线与面共同构成，柜体轮廓表现出垂直线条、水平线条、斜线与平面、梯形面。柜身线条与平面强调稳定、平衡、坚实的特点，与整体风格相呼应。支撑脚部分以斜线与梯形面为主，增强家具造型的设计感；上窄下宽的形态体现重量感与支撑感，使柜子稳定的同时不失造型感。

操作思路

本案例通过将模型转换为可编辑多边形，并进行编辑操作制作出四角柜子模型。

操作步骤

① 在【顶】视图中创建如图1-24所示的切角长方体。设置【长度】为800.0mm、【宽度】为1500.0mm、【高度】为900.0mm，如图1-25所示。

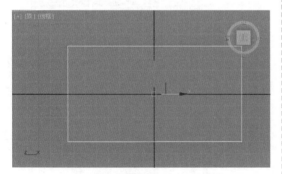

图1-24

图1-25

② 选中模型，将模型转换为可编辑多边形（加载可编辑多边形命令修改器），如图1-26所示。

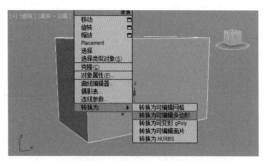

图1-26

③ 进入【多边形】级别■，选择如图1-27所示的多边形。单击【插入】按钮后面的【设置】按钮■，设置【数量】为50.0mm，如图1-28所示。

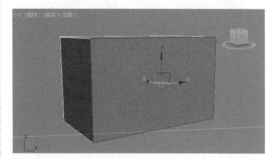

图1-27

图1-28

④ 单击【挤出】后面的【设置】按钮■，设置【高度】为-745.0mm，如图1-29所示。

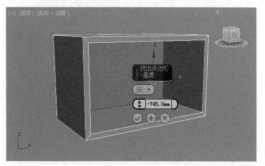

图1-29

11

5 选择如图1-30所示的多边形。单击【插入】按钮后面的【设置】按钮，设置【数量】为155.0mm，如图1-31所示。

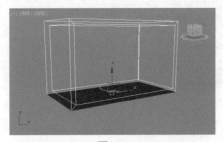

图1-30

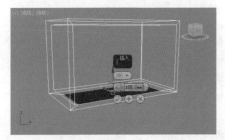

图1-31

6 单击【倒角】按钮后面的【设置】按钮，设置【高度】为160.0mm、【轮廓】为25.0mm，如图1-32所示。

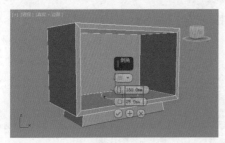

图1-32

7 在【顶】视图中创建如图1-33所示的圆柱体。设置【半径】为40.0mm、【高度】为900.0mm，如图1-34所示。

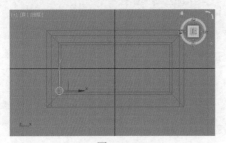

图1-33

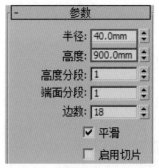

图1-34

8 在【前】视图中选择如图1-35所示的圆柱体，沿着Z轴向右旋转10°，如图1-36和图1-37所示。

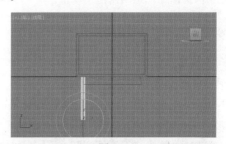

图1-35

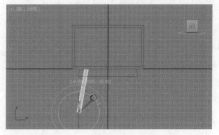

图1-36

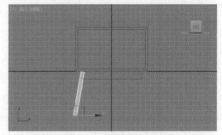

图1-37

9 将圆柱体转换为可编辑多边形，进入【顶点】级别，选择如图1-38所示的顶点。沿着Y轴向下进行等比缩放，如图1-39所示。

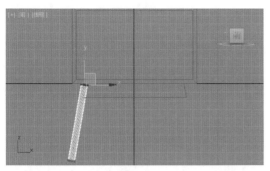

图1-38

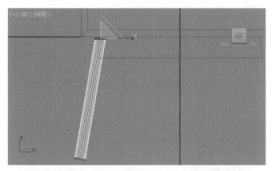

图1-39

⑩ 选择如图1-40所示的顶点。沿着Y轴向下进行等比缩放，如图1-41所示。效果如图1-42所示。

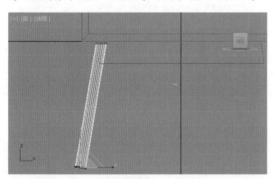

图1-40

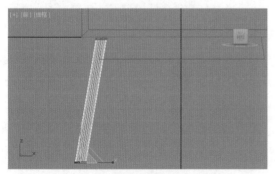

图1-41

图1-42

⑪ 按住Shift键拖动复制出3个模型，将其移动到合适的位置，如图1-43和图1-44所示。

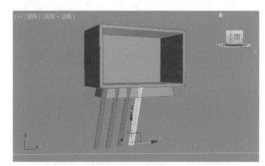

图1-43

图1-44

⑫ 在【前】视图中创建如图1-45所示的长方体。设置【长度】为100.0mm、【宽度】为700.0mm、【高度】为800.0mm，如图1-46所示。

图1-45

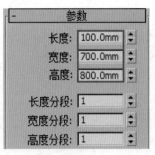

图1-46

图1-50

⑬ 将模型转换为可编辑多边形，进入【边】级别 ✎，选择如图1-47所示的边。单击【切角】按钮后面的【设置】按钮 ▣，设置【边切角量】为3.0mm、【连接边分段】为5，如图1-48所示。

⑮ 在【透】视图中选择如图1-51所示的模型，单击【镜像】按钮，在弹出的【镜像：世界坐标】对话框中选中XY和【复制】单选按钮，镜像效果如图1-52所示。

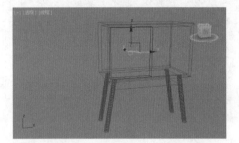

图1-47

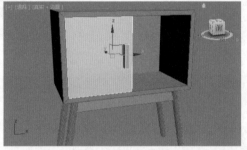

图1-51

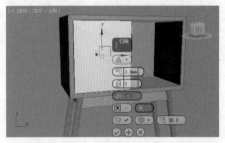

图1-48

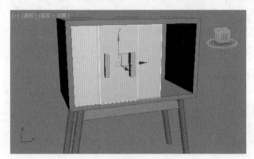

图1-52

⑭ 在【前】视图中创建如图1-49所示的长方体。设置【长度】为250.0mm、【宽度】为50.0mm、【高度】为100.0mm，如图1-50所示。

⑯ 将模型移动到合适的位置，效果如图1-53所示。此时模型创建完成。

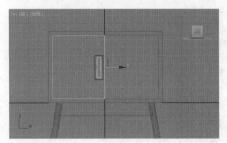

图1-49

图1-53

1.2.2 实例：花架模型

案例类型：

本案例是一款花架的模型设计，作品如图1-54所示。

图1-54

项目诉求：

本案例是直立式长方体结构的花架模型设计。金属材料表面的光泽感与色彩形成光滑、明亮的效果，体现出简单、时尚的风格，如图1-55所示。

图1-55

设计定位：

方形花架造型简洁，体现出极简的现代风格。整体结构采用金属材料，表面质地光滑，具有金属光泽感。四角相接、立面镂空的形式线条硬朗，给人坚实、平整的感觉。放置花卉或是爬藤植物时，通透感与开放性较强，让空间更具呼吸感，带来惬意、舒适的视觉体验，如图1-56所示。

图1-56

配色方案

　　本案例中，花架使用单一的灰色进行设计，具有金属般的光泽与色彩；简洁的几何结构与自然、明亮的色彩表现，使整体充满现代工业的时尚感。灰色具有无彩色的内敛、朴实，在使用时可以较好地衬托出植物之美，如图1-57所示。

图1-57

模型特点

　　本案例中花架整体轮廓由垂直线条与矩形平面构成。底座与台座部分呈正方形，角边相同，具有端正、稳定的感觉。垂直线条利落、硬朗，表现出家具现代造型的简洁性。使用灰色进行设计，赋予其金属质感，外观明亮、时尚，光泽感较强，四周通透，使空间更具呼吸感。

操作思路

　　本案例通过将模型转换为可编辑多边形，并进行编辑操作制作出花架模型。

操作步骤

❶ 在【顶】视图中创建如图1-58所示的长方体。设置【长度】为700.0mm、【宽度】为700.0mm、【高度】为100.0mm，如图1-59所示。

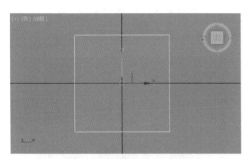

图1-58

图1-59

❷ 选中模型，将模型转换为可编辑多边形（加载编辑多边形修改器命令），如图1-60所示。

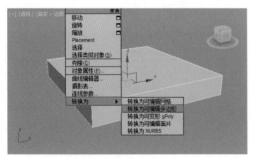

图1-60

❸ 进入【多边形】级别■，选择如图1-61所示的多边形。单击【倒角】按钮后面的【设置】按钮■，选择【按多边形】田，设置【高度】为-5.0mm、【轮廓】为-15.0mm，如图1-62所示。

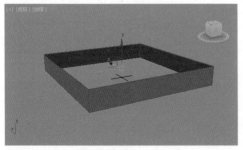

图1-61

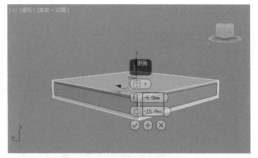

图1-62

❹ 选择如图1-63所示的多边形。单击【插入】按钮后面的【设置】按钮■，设置【数量】为135.0mm，如图1-64所示。

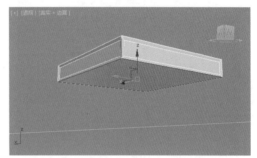

图1-63

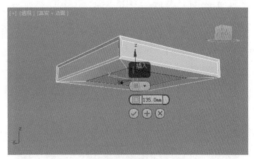

图1-64

❺ 单击【挤出】按钮后面的【设置】按钮■，设置【数量】为100.0mm，如图1-65所示。

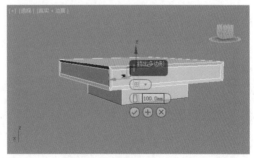

图1-65

⑥ 选择如图1-66所示的多边形。单击【倒角】按钮后面的【设置】按钮▣，选择【按多边形】⊞，设置【高度】为-5.0mm、【轮廓】为-15.0mm，如图1-67所示。

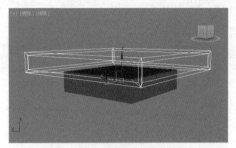

图1-66

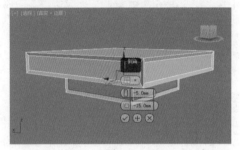

图1-67

⑦ 选择如图1-68所示的多边形。单击【倒角】按钮后面的【设置】按钮▣，设置【高度】为0.0mm、【轮廓】为135.0mm，如图1-69所示。

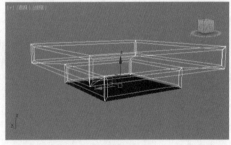

图1-68

图1-69

⑧ 单击【挤出】按钮后面的【设置】按钮▣，设置【高度】为100.0mm，如图1-70所示。

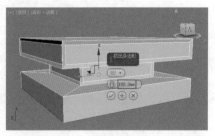

图1-70

⑨ 进入【边】级别，选择如图1-71所示的边。单击【连接】按钮后面的【设置】按钮▣，设置【分段】为2、【收缩】为65，如图1-72所示。

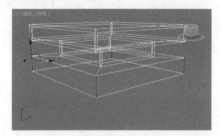

图1-71

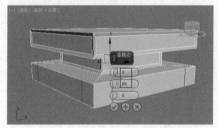

图1-72

⑩ 进入【多边形】级别▣，选择如图1-73所示的多边形。单击【倒角】按钮后面的【设置】按钮▣，选择【按多边形】⊞，设置【高度】为-5.0mm、【轮廓】为-15.0mm，如图1-74所示。

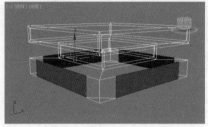

图1-73

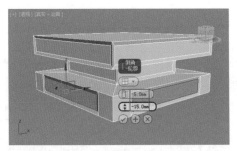

图1-74

⓫ 在【顶】视图中创建如图1-75所示的长方体。设置【长度】为700.0mm、【宽度】为700.0mm、【高度】为100.0mm，如图1-76所示。

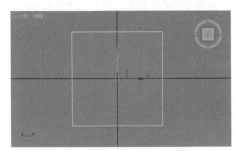

图1-75

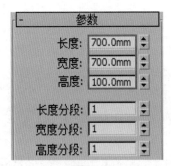

图1-76

⓬ 将模型转换为可编辑多边形，进入【边】级别，选择如图1-77所示的边。单击【连接】按钮后面的【设置】按钮▣，设置【分段】为2、【收缩】为65，如图1-78所示。

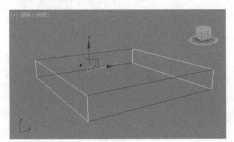

图1-77

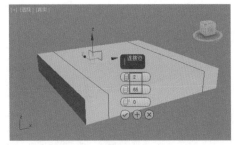

图1-78

⓭ 选择如图1-79所示的边。单击【连接】按钮后面的【设置】按钮▣，设置【分段】为2、【收缩】为65，如图1-80所示。

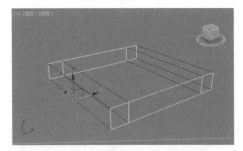

图1-79

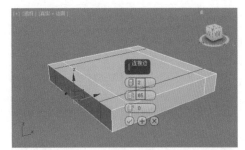

图1-80

⓮ 进入【多边形】级别▣，选择如图1-81所示的多边形。单击【倒角】按钮后面的【设置】按钮▣，选择【按多边形】⊞，设置【高度】为-5.0mm、【轮廓】为-15.0mm，如图1-82所示。

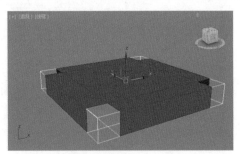

图1-81

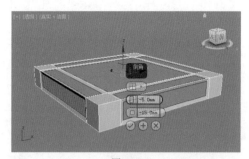

图1-82

⑮ 选择如图1-83所示的多边形。单击【挤出】
按钮后面的【设置】按钮■，设置【数量】为
1200.0mm，如图1-84所示。

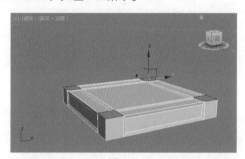

图1-83

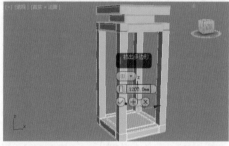

图1-84

⑯ 将模型移动到合适的位置，如图1-85所示。
在透视图中选择如图1-86所示的模型，单击【附
加】按钮，在透视图中拾取另一个模型，效果如
图1-87所示。

图1-85

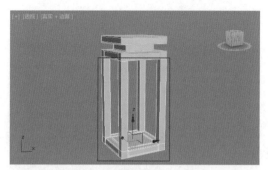

图1-86

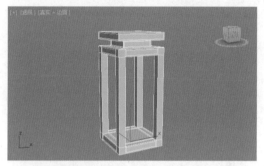

图1-87

⑰ 进入【多边形】级别■，选择如图1-88所示
的多边形。单击【倒角】按钮后面的【设置】
按钮■，选择【按多边形】田，设置【高度】
为-5.0mm、【轮廓】为-15.0mm，如图1-89所示。

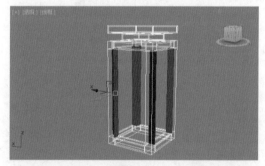

图1-88

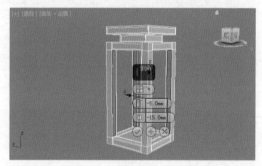

图1-89

⑱ 选择如图1-90所示的多边形。单击【倒角】按钮后面的【设置】按钮■，选择【组】■，设置【高度】为-5.0mm、【轮廓】为-15.0mm，如图1-91所示。

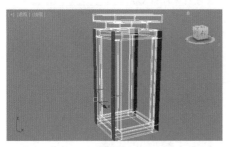

图1-90

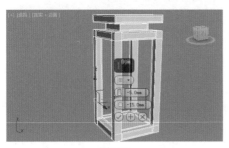

图1-91

⑲ 选择如图1-92所示的多边形。单击【倒角】按钮后面的【设置】按钮■，选择【组】■，设置【高度】为-5.0mm、【轮廓】为-15.0mm，如图1-93所示。

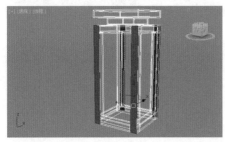

图1-92

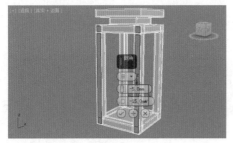

图1-93

⑳ 此时模型已经创建完成，效果如图1-94所示。

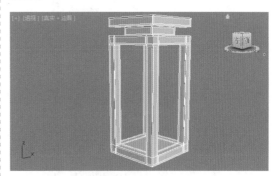

图1-94

1.2.3 实例：组合柜子模型

设计思路

案例类型：

本案例是一款组合柜子的模型设计，作品如图1-95所示。

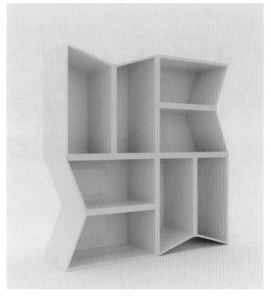

图1-95

项目诉求：

本案例是多边形结构的柜子模型设计，独特的造型与鲜活、饱满的色彩突出时尚、个性、新潮的特点，彰显年轻人的生活方式与生活情趣，如图1-96所示。

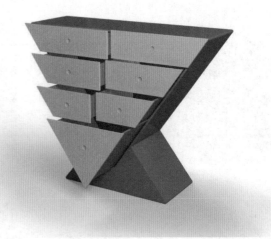

图1-96

设计定位：

　　为了突出个性感与时尚感，柜体采用组合式结构，呈现出与众不同的多边形形状，造型新颖、别致，易获得年轻群体的喜爱，如图1-97所示。

图1-97

配色方案

　　现代风格突出新潮、个性之感，柜子采用高纯度与高明度的鲜黄色进行设计，鲜活、明亮，且富有视觉刺激性，可以迅速吸引观者注意力。同时高明度的暖色调色彩可以带动情绪，给人以愉快、兴奋的视觉感受，如图1-98所示。

图1-98

模型特点

本案例中柜子的造型新颖、独特，以直线、斜线与梯形、矩形共同组合形成多边形。垂直线条与水平方向的线条使整体结构稳定、平衡；倾斜的线条与梯形可以使人产生不安定、活泼、动态的感觉，使柜子结构呈现出静中有动的效果，带来鲜活、个性的视觉感受。

操作思路

本案例通过将模型转换为可编辑多边形，并进行编辑操作制作出组合柜子模型。

操作步骤

1 利用【长方体】工具在【前】视图中创建一个长方体，如图1-99所示。设置【长度】为1000.0mm、【宽度】为1000.0mm、【高度】为300.0mm、【长度分段】为2、【宽度分段】为2、【高度分段】为1，如图1-100所示。

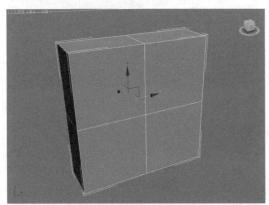

图1-99

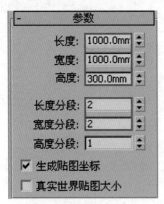

图1-100

2 为其加载编辑多边形修改器命令，进入【多边形】级别，选择多边形，单击【插入】按钮后面的【设置】按钮，设置为【按多边形】，【数量】为15.0mm，如图1-101所示。

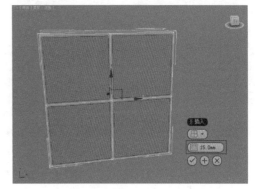

图1-101

3 进入【边】级别，选择左上方的两条边和右下方的两条边，单击【连接】按钮后面的【设置】按钮，设置【分段】为1，如图1-102所示。

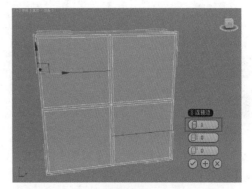

图1-102

4 单击【切角】按钮后面的【设置】按钮，设置【数量】为15.0mm，如图1-103所示。

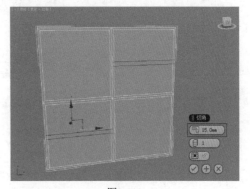

图1-103

⑤ 选择如图1-104所示的边。

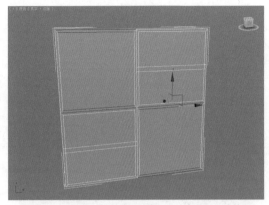

图1-104

⑥ 单击【连接】按钮后面的【设置】按钮▣，设置【分段】为1，如图1-105所示。

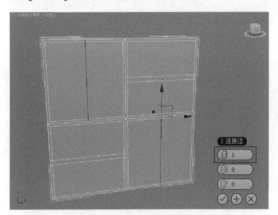

图1-105

⑦ 单击【切角】按钮后面的【设置】按钮▣，设置【数量】为15.0mm，如图1-106所示。

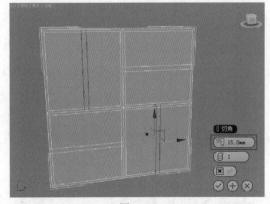

图1-106

⑧ 进入【多边形】级别▣，选择如图1-107所示的多边形。

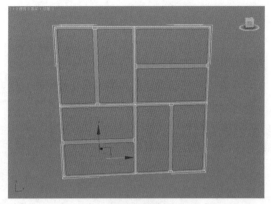

图1-107

⑨ 单击【挤出】按钮后面的【设置】按钮▣，设置【数量】为-280.0mm，如图1-108所示。

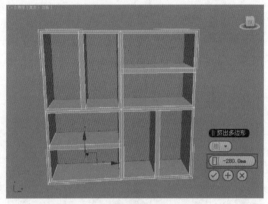

图1-108

⑩ 进入【顶点】级别▣，选择如图1-109所示的点。

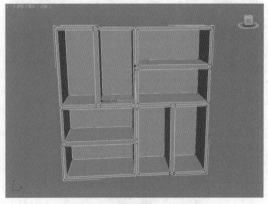

图1-109

⑪ 使用【选择并均匀缩放】工具▣沿Z轴缩放，效果如图1-110所示。

⑫ 进入【顶点】级别▣，选择点，使用【选择

并均匀缩放】工具◻沿X轴缩放，效果如图1-111所示。

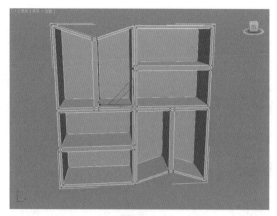

图1-110

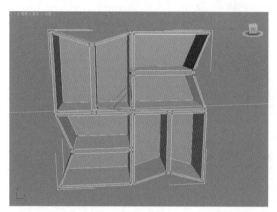

图1-111

⓭ 进入【边】级别◿，选择如图1-112所示的边。

⓮ 单击【切角】按钮后面的【设置】按钮◻，设置【数量】为2.0mm、【分段】为3，如图1-113所示。

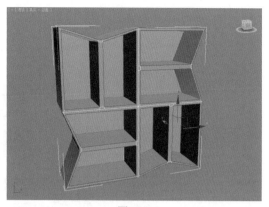

图1-112

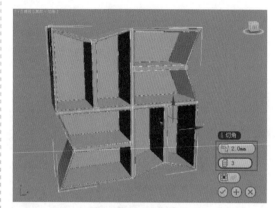

图1-113

⓯ 最终的模型效果如图1-114所示。

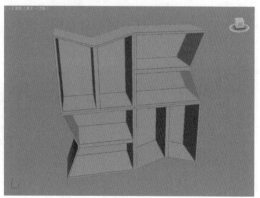

图1-114

产品设计

· 本章概述 ·

    产品设计在日常生活中无处不在。例如一支笔的材质、长短、表面质感，如何带来舒适的使用感；柜子的把手、抽拉方式、合理置物；一件饰品的形状、雕刻、加工、镶嵌、材料选择，都是产品设计的内容。产品设计是将目的、设想通过合适的载体进行展现的创造性活动。本章主要从产品设计的概念、产品设计的常见类型、产品设计的内容与产品设计的原则四个方面进行介绍。

2.1 产品设计概述

产品设计是一种综合性设计，是对人们日常生活中涉及的衣食住行用等各个方面出现并使用的产品的功能、结构、材质、规格、形态、内在与外观、工艺、技术、色彩、装饰等元素进行设计。其具有广义与狭义两个角度的解读方式。

2.1.1 什么是产品设计

产品设计是一种集文化、艺术、工程、材料、经济、生产等各方面内容于一体的综合性、创造性活动，目的在于根据人们的需求设计出满足使用需要的产品。产品设计的内容主要包括产品的性能、结构、材质、色彩、外观、工艺、广告、包装等方面。产品设计示例如图2-1所示。

图2-1

2.1.2 产品设计的常见类型

产品是指人工创造出的物品，是由人利用材料并通过手工与机器等方式制成的除自然物以外的任何物品。产品设计根据生产方式的不同可以分为手工艺设计与工业设计两大类。

1. 手工艺设计

手工艺设计是以手工方式根据不同的要求进行制作与设计产品。手工艺产品融合了传统技艺、技术与设计样式，具有个性化、民俗化的特点，如图2-2所示。

图2-2

2.工业设计

工业设计区别于手工艺设计，可以进行批量生产，降低了手工艺产品的经济与时间成本，利用新的技术、材料赋予产品新的特征。工业设计根据种类与用途可分为以下几种类型。

生活用品设计：包括家用电器、家具、饮食器具、照明器具、卫生设备、玩具、旅行用品、饰品等一系列生活所需品的设计，如图2-3所示。

图2-3

公共性商业、服务业用品设计：包括电话机、电话亭、打印机、办公用品、文具、数字化设施、清扫设备、医疗器械、电梯、售货机等的设计，如图2-4所示。

图2-4

工业与机械设备设计：包括农用器械、通信装置、仪器仪表、机床等的设计，如图2-5所示。

图2-5

交通运输工具、设备设计：包括汽车、自行车、飞机、轮船等各种交通工具，道路照明设施等的设计，如图2-6所示。

图2-6

2.1.3 产品设计的内容

产品设计主要包括结构、外观、形态、材质、色彩、功能等系列内容，在设计前需要全面了解所设计产品的使用目的、用途、功能，并进行后续材料、色彩、工艺、技术的应用。产品设计主要涉及以下几方面的内容。

　　产品外观设计：产品外观设计主要针对形状、图案、材料、色彩等方面进行设计。形状是指产品的造型，例如手机与汽车等的外形。图案是指物品表面的图形。不同的材料呈现出或细腻或粗糙的质感。色彩带来鲜明的视觉吸引力，可以美化产品，提升产品的竞争力。产品外观设计如图2-7所示。

图2-7

　　产品结构设计：产品结构设计涉及工艺、零件、组装等方面的内容，是衔接产品外观设计与生产之间的设计环节，如图2-8所示。

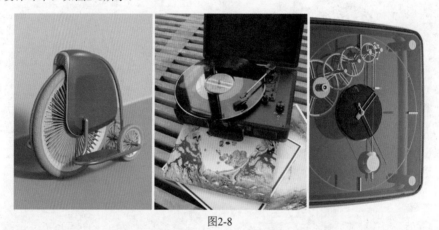

图2-8

　　产品功能设计：产品功能设计是产品设计的核心，产品的设计需要满足其特定的功能需求，如图2-9所示。

图2-9

产品包装设计：通过合适的包装材料与工艺手段，为产品进行外部的造型与美化装饰，具有保障产品安全、便于运输、提升品牌记忆点、促进销售的作用。产品包装设计示例如图2-10所示。

图2-10

产品材料与工艺设计：不同的材料与加工工艺可以形成截然不同的效果。产品的内部结构与外壳根据使用需求、安全性、外观、抗腐蚀性等不同方面的要求进行材料的选择，并利用工艺改变材料的形状、尺寸、性质，最终完成产品的加工步骤。产品材料与工艺设计示例如图2-11所示。

图2-11

产品广告设计：产品广告设计具有向消费者宣传、介绍产品，推广品牌的作用，可以提升产品与品牌的知名度，提高市场占有率。产品广告设计示例如图2-12所示。

图2-12

2.1.4 产品设计的原则

在进行产品设计之前，需要充分考虑与把握产品的相关知识及要求，并在设计的过程中合理运用，才能设计出实用性与美观性并存的产品。在进行产品设计时须遵循以下几个原则。

实用性原则： 实用性是指产品自身具有的、可以满足人们使用需求的性能与功能。这是产品设计中最基本的原则。

易用性原则： 易用性是指使用者在使用产品时，对于产品的效率与满意度的感受。产品的易用性包括产品的有效性、易学性与适应性三个方面，主要指产品的性能是否达到预期效果、产品的使用与安装的难度等。

经济性原则： 经济性是指在确保产品功能的情况下，设计出物美价廉的产品的同时尽可能减少资金的投入，降低产品成本。

审美性原则： 审美性是指在进行设计时充分考虑到设计内容的艺术审美需求，使产品造型具有审美特征与审美品位，为人们带来视觉享受，如图2-13所示。

图2-13

2.2 产品设计实战

2.2.1 实例：托盘产品设计

设计思路

案例类型：

本案例是一款托盘产品的设计，作品如图2-14所示。

图2-14

项目诉求：

　　本案例是六边形托盘模型设计，作为特殊的几何形状，具有传统、古典的美感，可以作为新中式风格的配饰进行使用，如图2-15所示。

图2-15

设计定位：

　　六边形托盘线条简洁，造型对称。使用厚重的午夜蓝色进行漆涂，突出中式装饰古朴、沉稳的特点，表现出内敛、质朴的内涵。金属把手独特的金属光泽使托盘更具现代感，形成传统与现代的碰撞，如图2-16所示。

图2-16

配色方案

　　新中式风格具有稳健、端正的表现，常使用深红色、深蓝色、棕色等高纯度色彩。本案例中托盘使用午夜蓝色与暗金色进行搭配，既体现出中式风格的厚重、沉稳，又具有现代元素的工业感，形成鲜明的吸引力。

主色：

本案例采用午夜蓝作为主色，托盘主体漆涂午夜蓝色，展现出厚重、奢华的效果，突出中式风格的内涵与质感，如图2-17所示。

图2-17

辅助色：

如果托盘整体使用午夜蓝色，未免有些单调，因此使用暗金色作为辅助色。暗金色的金属把手具有内敛的金属光泽，增加了工业元素，与托盘形成冷暖对比，形成色彩与材质的双重对比。主色和辅助色的对比效果如图2-18所示。

图2-18

模型特点

本案例中托盘外形是对称的六边形。整体设计为新中式风格，造型简单、明快，符合现代的审美理念。

操作思路

使用挤出修改器可以快速将二维的闭合图形变为三维的几何体。

操作步骤

① 单击【创建】➕|【图形】◙|【样条线】|【多边形】按钮，如图2-19所示。在【前】视图中绘制多边形，设置【半径】为100.0mm，如图2-20所示。

图2-19

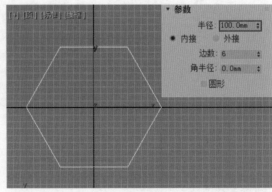

图2-20

❷ 为该模型加载【挤出】修改器，在【参数】卷展栏中设置【数量】为20.0mm，如图2-21所示。

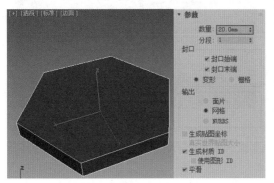

图2-21

❸ 为该模型加载【编辑多边形】修改器，进入【多边形】级别■，选择上方的多边形，如图2-22所示。

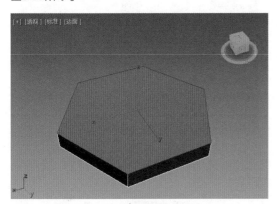

图2-22

❹ 单击【插入】后方的【设置】按钮■，设置【数量】为8.0mm，如图2-23所示。单击【挤出】后方的【设置】按钮■，设置【高度】为-18.0mm，如图2-24所示。

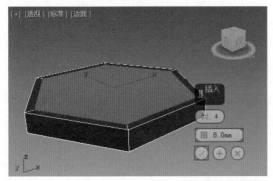

图2-23

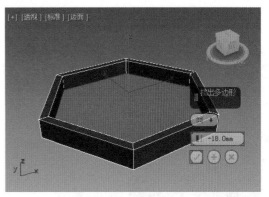

图2-24

❺ 单击【创建】➕|【图形】■|【样条线】|【圆】按钮，如图2-25所示。在【顶】视图中绘制圆形，设置【半径】为3.0mm，如图2-26所示。

图2-25

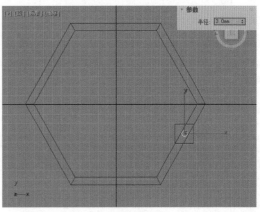

图2-26

⑥ 为上一步绘制的圆形加载【挤出】修改器，
设置【数量】为10.0mm，如图2-27所示。

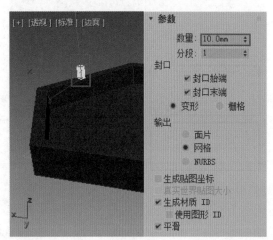

图2-27

⑦ 使用同样的方法再次创建三个模型，并放置
在合适的位置，如图2-28所示。

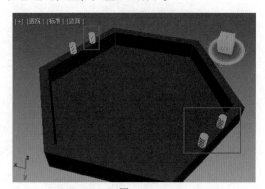

图2-28

⑧ 在透视图中选择模型，如图2-29所示。单击
【选择并旋转】按钮 ⊙ 和【角度捕捉切换】按钮
⊠，按住Shift键的同时按住鼠标左键，将其沿着
X轴旋转90°，如图2-30所示。

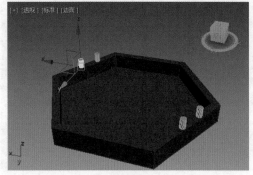

图2-29

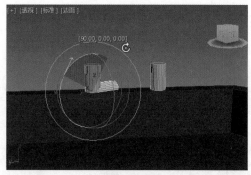

图2-30

⑨ 修改【挤出】的【数量】为50.0mm，将其放
置在合适的位置，如图2-31所示。使用同样的方
法制作出另一侧的模型。

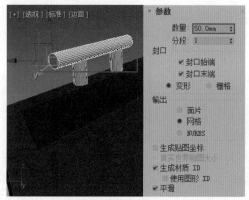

图2-31

⑩ 案例最终渲染效果如图2-32所示。

图2-32

2.2.2 实例：创意台灯产品设计

设计思路

案例类型：

本案例是一款创意台灯产品的设计，作品
如图2-33所示。

图2-33

项目诉求：

　　本案例是由长方体组合形成阶梯形状的台灯模型设计。与众不同的造型与无彩色的应用突出个性、简约的现代工业风格，具有较强的视觉冲击力，易受年轻人的欢迎与喜爱，如图2-34所示。

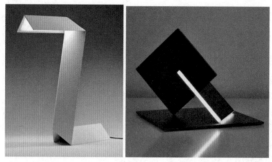

图2-34

设计定位：

　　台灯基本使用几何线条，转角处均采用较为尖锐、端正的锐角与直角。拼接的结构与直白的线条带来结构分明的表现，具有秩序感与节奏感，如图2-35所示。

图2-35

配色方案

　　工业风格常给人以冷硬、个性的印象。本案例中台灯使用无彩色的灰色与白色进行搭配，打造出平静、理性的效果，凸显工业风格的个性魅力，如图2-36所示。

图2-36

模型特点

本案例中台灯由简单的色彩构成，干净、直白的线条与冷色调的灯光营造出安静的氛围，展现出工业风格的极简、朴素。台座外观呈现曲折向下的线条，带来强烈的不稳定感，使台灯造型更加鲜活、个性，冲破了工业风格的冷硬感，带来时尚、新颖的视觉效果。

操作思路

本案例应用【长方体】工具，通过移动、旋转、复制等操作制作创意台灯模型。

操作步骤

❶ 在【前】视图中创建如图2-37所示的长方体，设置【长度】为50.0mm、【宽度】为200.0mm、【高度】为50.0mm，如图2-38所示。

图2-40

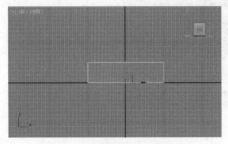

图2-37

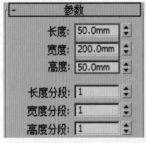

图2-38

❷ 在【前】视图中创建如图2-39所示的长方体，设置【长度】为300.0mm、【宽度】为50.0mm、【高度】为50.0mm，如图2-40所示。将模型移动到合适的位置，如图2-41所示。

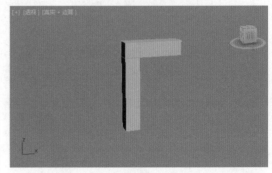

图2-41

❸ 在【前】视图中创建如图2-42所示的长方体，设置【长度】为150.0mm、【宽度】为150.0mm、【高度】为250.0mm，如图2-43所示。将模型移动到合适的位置，如图2-44所示。

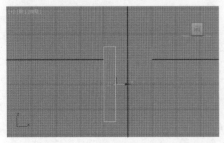

图2-39

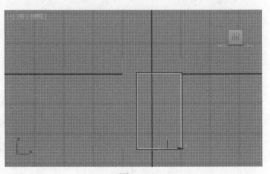

图2-42

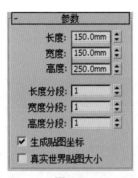

图2-43

图2-44

❹ 在【前】视图中选择所有模型，如图2-45所示。按住Shift键沿着Y轴向下拖动复制，将其移动到合适的位置，如图2-46和图2-47所示。

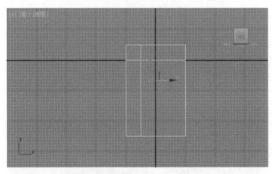

图2-45

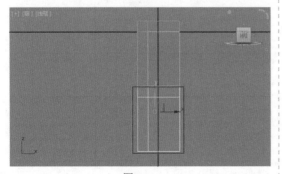

图2-46

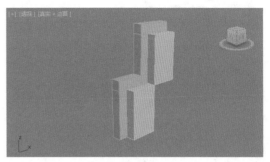

图2-47

❺ 再次在【前】视图中选择如图2-48所示的模型。按住Shift键沿着Y轴向下拖动复制，如图2-49所示。

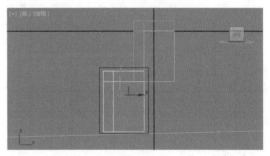

图2-48

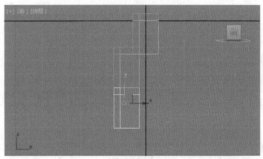

图2-49

❻ 在透视图中选择如图2-50所示的模型，设置【长度】为500.0mm，如图2-51所示。

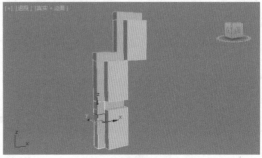

图2-50

图2-51

⑦ 将模型移动到合适的位置，如图2-52所示。

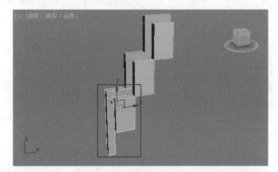

图2-52

⑧ 在透视图中选择如图2-53所示的模型，沿着Y轴向上旋转35°，如图2-54所示。

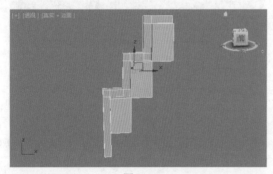

图2-53

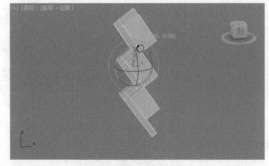

图2-54

⑨ 在【顶】视图中创建如图2-55所示的长方体，设置【长度】为200.0mm、【宽度】为450.0mm、【高度】为50.0mm，如图2-56所示。

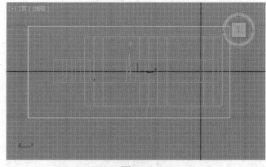

图2-55

图2-56

⑩ 此时模型已经创建完成，效果如图2-57所示。

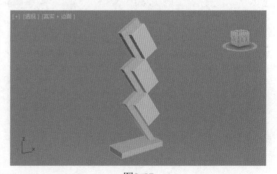

图2-57

2.2.3 实例：扭曲花瓶产品设计

设计思路

案例类型：

本案例是一款扭曲花瓶产品的设计，作品如图2-58所示。

图2-58

项目诉求：

　　本案例是波浪形的花瓶模型设计，以独特的造型与绚丽的色彩点缀空间，装饰性较强，打造鲜活、个性的现代风格，如图2-59所示。

图2-59

设计定位：

　　花瓶的设计融入孟菲斯风格，造型夸张。灵动的波浪线赋予花瓶动感，展现出赏心悦目的曲线美与艺术感，装点家居生活，提升生活乐趣，为人们带来视觉的美感与心灵的治愈，如图2-60所示。

图2-60

配色方案

　　高纯度的色彩可以带动情绪，给人以鲜明、有趣的印象。本案例中的一组花瓶使用天蓝色、红色与鲜黄色进行搭配，色彩饱满、鲜艳，体现出孟菲斯风格的张扬大胆、活泼明快，色彩间形成撞色，富有表现力与视觉冲击力，如图2-61所示。

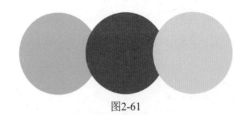

图2-61

模型特点

本案例中的花瓶采用非对称的波浪形设计，通过扭曲变形，形成大胆、个性的花瓶造型，极具视觉冲击力。时尚、个性的创意构思与艳丽色彩的组合，创造出别具一格的异形花瓶，提升了生活格调与情趣。

操作思路

本案例应用【线】工具绘制线，并为其添加【车削】修改器、【扭曲】修改器来制作扭曲花瓶模型。

操作步骤

❶利用【线】工具在【前】视图中绘制一条线，如图2-62所示。

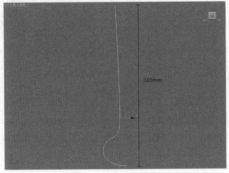

图2-62

❷切换到 （修改）命令面板，进入Line下的【样条线】级别 ，在【轮廓】按钮后面的微调框中输入3.0mm，按Enter键结束，如图2-63所示。

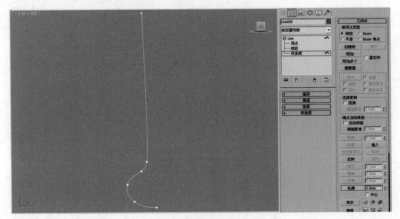

图2-63

❸ 切换到 ■ （修改）命令面板，进入Line下的【线段】级别 ■ ，删除如图2-64所示的线段。

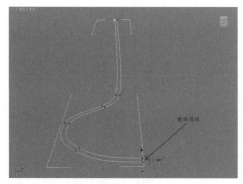

图2-64

❹ 选择上一步中的样条线，为其加载【车削】修改器命令，单击【最大】按钮，设置【分段】为50，如图2-65所示。

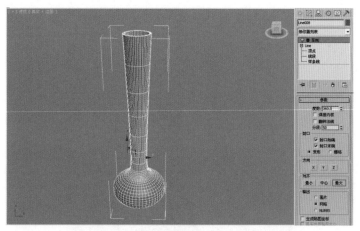

图2-65

❺ 保持选择上一步中的模型，为其加载【扭曲】修改器命令，设置【角度】为800.0、【偏移】为-30.0，【扭曲轴】选择Y轴，选中【限制效果】复选框，设置【上限】为200.0mm、【下限】为10.0mm，如图2-66所示。

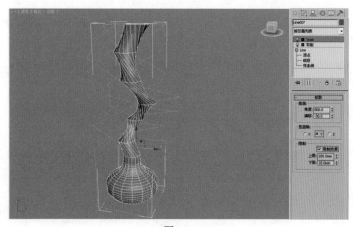

图2-66

6 再为其加载【扭曲】修改器命令，设置【迭代次数】为2，如图2-67所示。

7 按照以上方法制作出其他花瓶模型，最终模型效果如图2-68所示。

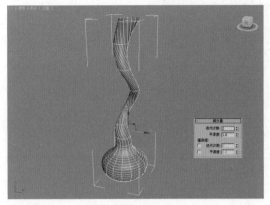

图2-67

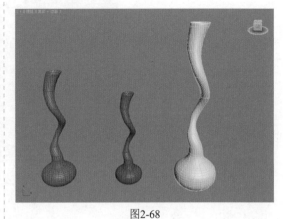

图2-68

2.2.4 实例：三维 Logo 产品设计

设计思路

案例类型：

本案例是一款三维Logo产品的设计，作品如图2-69所示。

图2-69

项目诉求：

本案例是带有阴影的三维立体镂空文字设计。首尾一致的笔画粗细展现出庄重有力、大方沉稳的特点；倾斜的设计增加不稳定感，使字形更加个性、鲜活，如图2-70所示。

图2-70

设计定位:

文字中间位置的镂空处理增添设计感,使朴素、庄重的文字更加鲜活、生动,富含意趣。除首字母外均采用弧线进行设计,流畅的线条柔化了粗体文字的棱角,避免了呆板,使画面更具亲和力,如图2-71所示。

图2-71

配色方案

本案例中文字采用金雀花黄进行设计,色彩明快、鲜艳,给人以阳光、辉煌的感受。背景采用清新、清爽的天青色,与文字形成鲜明的冷暖对比,使文字更加突出、醒目,带来强烈的视觉冲击力,如图2-72所示。

图2-72

模型特点

本案例中文字轮廓由弧线、斜线与水平线构成。首字母中斜线与水平线的使用形成平稳、利落、有力的视觉效果。后方字母使用弧线完成,带来圆润、流畅的美感,给人自然、柔和、舒适的感受。

操作思路

本案例为文本添加【倒角剖面】修改器,最后拾取线,制作出三维文字效果。

操作步骤

1 使用【文本】工具在【前】视图中创建一组文字，如图2-73所示。

图2-73

2 切换到【修改】命令面板，输入"Logo"，设置合适的字体类型，设置字体【大小】为2540.0mm，如图2-74所示。

图2-74

3 使用【线】工具在【左】视图中绘制一条闭合的线，如图2-75所示。

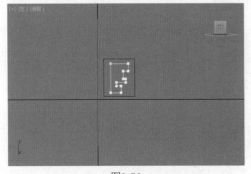

图2-75

4 选择文本，切换到【修改】命令面板，添加【倒角剖面】修改器，单击【拾取剖面】修改器按钮，单击刚才闭合的线，如图2-76所示。

图2-76

5 最终的模型如图2-77所示。

图2-77

2.2.5 实例：艺术花瓶产品设计

设计思路

案例类型：

本案例是一款艺术花瓶产品的设计，作品如图2-78所示。

图2-78

项目诉求：

　　本案例是不同材质结合使用的艺术花瓶模型设计。金属与陶瓷的结合，形成奢华与典雅的融合，具有富丽、优雅的格调，如图2-79所示。

图2-79

设计定位：

　　花瓶表面的飞溅图案间特殊的工艺表现展现得淋漓尽致，喷洒的不规则的点状图案表现出新潮、自由的特点，杂乱中体现秩序，形成抽象的艺术造型。花瓶上方金属编织的结构带来奢华的效果，使整体造型更加唯美、富有魅力，如图2-80所示。

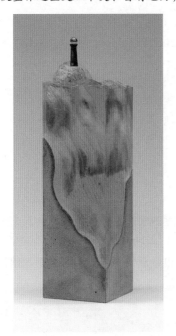

图2-80

艺术花瓶以不同的材质进行组合，打造出富含艺术美感的花瓶造型。细腻、温润的陶瓷材料与金属的组合饱含传统、古典的内敛风格，又将金属的坚硬质感化为柔软感，带来视觉的享受。淡灰蓝色、蔚蓝色与淡金黄色形成纯度与冷暖的对比，使花瓶更具冲击力。

主色：

本案例以淡灰蓝为主色，花瓶大面积使用淡灰蓝色，结合细腻、光滑的陶瓷质地，彰显温润、典雅、秀丽的韵味，如图2-81所示。

图2-81

辅助色：

淡灰蓝色色彩柔和、细腻，体现出温柔、优雅的格调，但色彩纯度与活跃度较低，易造成单调、无趣的视觉效果。使用淡金黄色作为辅助色，金属质地的结构与淡灰蓝色形成纯度的对比，提升了花瓶的视觉吸引力。主色与辅助色的对比效果如图2-82所示。

图2-82

点缀色：

选用蔚蓝色作为点缀色，与淡灰蓝色形成同类色的层次对比，同时增加了色彩的饱和度，带来明快、清新的感受。主色、辅助色与点缀色的对比效果如图2-83所示。

图2-83

本案例中花瓶由曲面与弧线构成，外观表现出任意弧度的曲线与曲面结构。金属部分呈现出网状编织造型，给人以手工艺品的印象。线条的排列与缠绕，勾勒出花瓶的轮廓，与陶瓷部分形成严丝合缝的效果。将金属的坚毅与陶瓷的温柔融合，展现出诗意的工艺魅力与华丽、浪漫的艺术美感。

本案例通过将模型转换为可编辑多边形，并进行编辑操作制作出艺术花瓶模型。

1 利用【圆柱体】工具在【顶】视图中创建一个圆柱体，如图2-84所示。设置【半径】为50.0mm、【高度】为170.0mm、【高度分段】为12、【边数】为30，如图2-85所示。

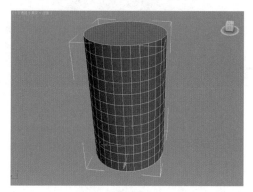

图2-84

图2-85

2 为其加载【编辑多边形】修改器命令，在【顶点】级别下，使用（选择并均匀缩放）工具，调节顶点的位置，如图2-86所示。

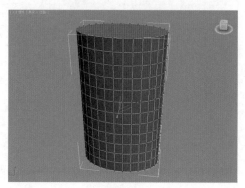

图2-86

3 再为其加载FDD3×3×3修改器命令，在【控制点】级别下，调节点的位置，如图2-87所示。

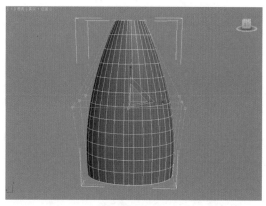

图2-87

4 选择上一步创建的模型，为其加载【编辑多边形】修改器命令，在【顶点】级别下，单击【切割】按钮对模型进行切割，如图2-88所示。

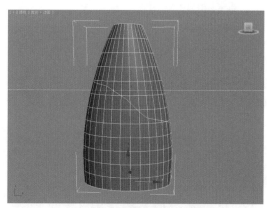

图2-88

5 在【多边形】级别下，选择如图2-89所示的多边形，按Delete键删除，如图2-90所示。

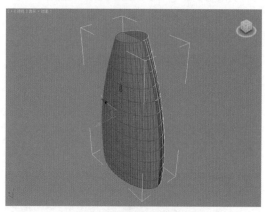

图2-89

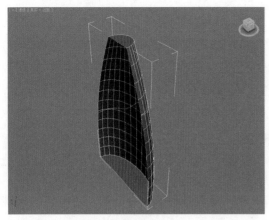

图2-90

⑥ 为其加载【对称】修改器命令，设置【镜像轴】为Y轴，取消选中【沿镜像轴切片】复选框，效果如图2-91所示。

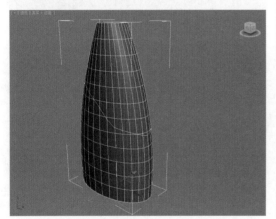

图2-91

⑦ 再为其加载【编辑多边形】修改器命令，在【多边形】级别■下，选择如图2-92所示的多边形，按Delete键删除，效果如图2-93所示。

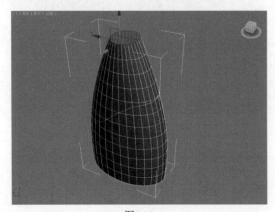

图2-92

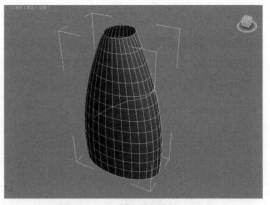

图2-93

⑧ 选择如图2-94所示的多边形，单击【分离】按钮后面的【设置】按钮■，取消选中【分离到元素】复选框，如图2-95所示。

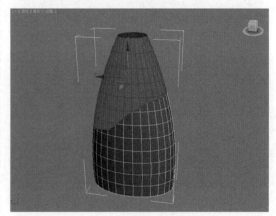

图2-94

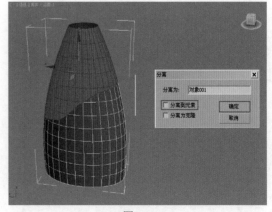

图2-95

⑨ 选择分离出来的模型，如图2-96所示。为其加载【细化】修改器命令，设置【迭代次数】为2，如图2-97所示。

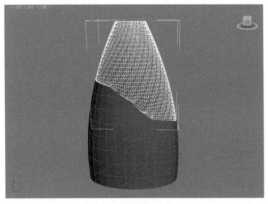

图2-96

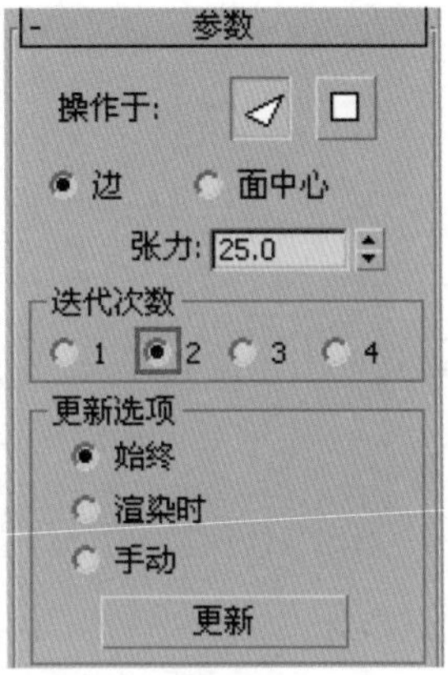

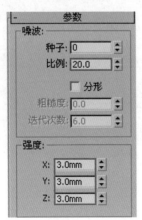

图2-97

⑩ 再为其加载【噪波】修改器命令，设置【比例】为20.0、X为3.0mm、Y为3.0mm、Z为3.0mm，如图2-98和图2-99所示。

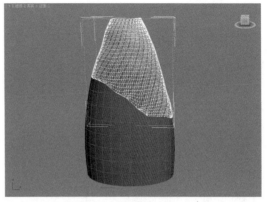

图2-99

⑪ 为其加载【优化】修改器命令，设置【面阈值】为4.0、【偏移】为0.03，如图2-100和图2-101所示。

图2-100

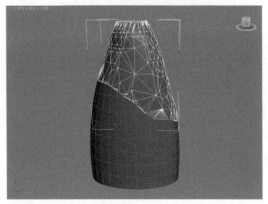

图2-101

⑫ 选择上一步创建的模型，为其加载【编辑多边形】修改器命令，在【边】级别下，选择如图2-102所示的边，单击【创建图形】按钮后面的【设置】按钮，设置【图形类型】为【平

图2-98

滑】，如图2-103所示。

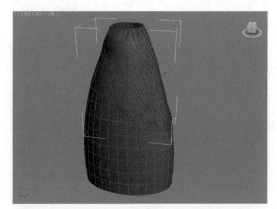

图2-102

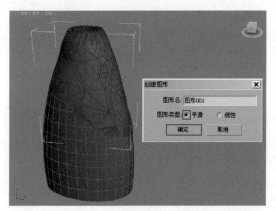

图2-103

⓭ 选择上一步创建的线，进入【修改】命令面板，在【渲染】卷展栏中选中【在渲染中启用】和【在视口中启用】复选框，选中【径向】复选框，设置【厚度】为1.5mm、【边】为12，效果如图2-104所示。删除多余的模型，效果如图2-105所示。

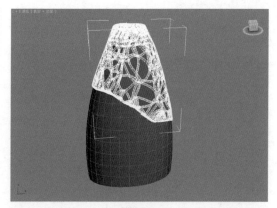

图2-104

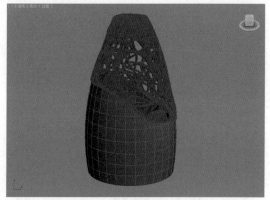

图2-105

⓮ 最终的模型效果如图2-106所示。

图2-106

第**3**章

室内设计

· **本章概述** ·

　　室内是指建筑的内部空间，室内设计便是对室内空间的结构、布局、陈设、装饰、家具、灯具、绿化风格、色彩、采光与照明等进行的综合设计，主要包括室内装修、室内装饰以及环境设计等方面。

　　室内设计是根据建筑使用的性质、功能、所在环境等不同标准，运用建筑美学原理和技术手段，对室内空间进行创造性的改变，打造出功能布局合理、环境舒适美观、满足人们生活与精神需要的室内空间。室内设计既包括环境与工程技术方面的内容，也包括光、声音、温度等物理方面的内容，还包括氛围、环境、意境等心理方面的内容。本章主要从室内设计的概念、室内设计的常见类型、室内设计的常见风格以及室内设计的原则四个方面来介绍。

3.1　室内设计概述

室内设计是根据建筑物的用途、功能、所处环境地点等，通过物质技术手段与建筑设计原理，创造的结构功能合理、环境优美、结构安全、卫生舒适，可以满足人们物质与心理需要的内部空间环境。室内设计需要从空间环境、室内环境、陈设装饰等多个方面进行考量，涉及环境心理学、设计美学、建筑学、人体工程学等多个学科；室内设计既要具有相应的功能用途等使用价值，也要体现出文化内涵、建筑风格以及环境氛围等不同方面的审美需求。

3.1.1　室内设计的内容

室内设计的内容包括空间设计（空间的组织以及空间界面的处理）、装饰材料与色彩设计、照明与采光、陈设与绿化等。

空间设计主要是对空间的组织与界面进行处理，根据建筑设计的意图对室内空间与平面位置进行调整与改造。例如睡眠、会客、休息、餐饮等不同功能的空间之间的位置关系，以及将这些空间进行连接和线路的设计等。空间界面主要包括地面、墙面、顶面部分。

装饰材料与色彩的选择要从室内环境、功能和经济等方面进行综合考量，装饰与色彩需符合整体空间的设计风格与主题，与整体环境、空间朝向、地域习惯以及审美要求等因素相协调。

照明与采光方面既要满足照明的需求，也要与室内装饰、色彩、陈设等保持统一。

空间中的陈设与绿化是指除固定于空间界面外的任何实用或装饰用途的物品。在室内陈设的布置中，家具是最重要的部分。不同的造型、色泽、质地或是工艺都会影响整体设计的风格。绿化可以改变室内空间的环境，例如盆栽、盆景和插画等，都可以带来赏心悦目的效果，如图3-1所示。

图3-1

3.1.2　室内设计的常见类型

在室内空间的设计与组织、照明与色彩、陈设等方面的选择方向上，根据相对应的功能需求、使用性质、整体氛围等方面的不同，需要研究不同群体的心理与视觉感知等方面的内容。例如会议室空间需表现出庄重、正式、严肃的氛围；而住宅则注重温馨、舒适感。室内设计的常见类型概括起来可分为以下三类。

1. 人居环境

人居环境室内设计主要涉及住宅、公寓、宿舍等人居室内空间以及构成这类空间的不同功能空间。例如起居室、卧室、书房、厨房、卫浴、玄关等空间的设计，如图3-2所示。

图3-2

2. 限定性公共空间室内设计

限定性公共空间是对空间的功能与性质存在明确要求的公共空间，例如学校、幼儿园、医院、办公楼等具有明确的指定性功能的公共空间及其附属空间。限定性公共空间室内设计可分为以下几个类型。

文教类公共空间室内设计：包括幼儿园、学校、图书馆、科研楼的室内设计，以及其附属的门厅、过厅、中庭、教室、活动室、实验室、机房等空间的设计，如图3-3所示。

图3-3

医疗空间室内设计：包括医院、诊所、疗养院等空间的室内设计，以及具体的门诊室、检查室、手术室和病房的室内设计，如图3-4所示。

图3-4

办公空间室内设计：包括行政办公楼与商业办公楼内部的办公室、会议室、会客厅和报告厅等空间的室内设计，如图3-5所示。

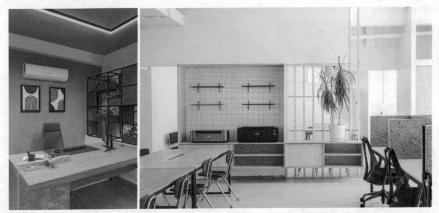

图3-5

3.非限定性公共空间室内设计

非限定性公共空间是指功能多样，但功能指向模糊、不确定的公共空间。这类空间多是现代商业空间，具有空间共享的特点。例如宾馆、酒店、影院、车站、体育馆、各类综合商业空间等。

商业性质空间室内设计：主要包括商场、酒店、便利店、餐厅、营业厅、影院等的室内设计，如图3-6所示。

图3-6

展览类空间室内设计：包括美术馆、展览馆和博物馆的室内设计，以及内部的展厅和展廊的设计，如图3-7所示。

图3-7

体育类室内空间设计：包括体育馆、游泳馆的室内设计，以及附属的体育项目、比赛和训练以及配套的辅助空间的设计，如图3-8所示。

图3-8

交通建筑室内设计：包括车站、机场、候机楼、码头建筑，以及内部的候机厅、候车室、候船厅、售票厅等的室内设计，如图3-9所示。

图3-9

3.1.3 室内设计的常见风格

室内设计风格简单来讲就是某一时期的文化与地域特色在室内设计中的反映，空间用途、功能与性质，以及使用者的职业、性格、文化程度、爱好的不同，决定了设计的风格。常见的设计风格包括以下几种。

极简风格: 多以规则的几何形作为构成元素，采用直线较多; 使用黑、白、灰色等中间色为主色，适量加入其他色彩表现环境氛围; 在材料上选择玻璃、金属等提升空间感，并体现简单、利落的主题，如图3-10所示。

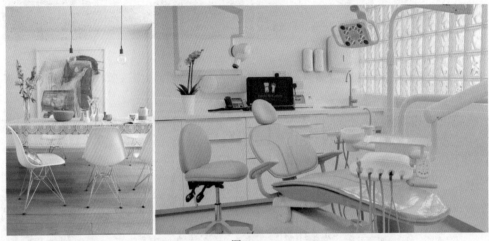

图3-10

现代设计风格: 强调空间的实用性，力求材料的形式美，摒弃过多装饰，造型简洁、工整。使用曲线与各种自然线条作为装饰，运用白色、灰色等色彩作为主色调，并根据设计的需求加入其他色彩，表现鲜明的个性。材料上多使用铁质材料、玻璃、瓷砖等，注重空间的整体构成，如图3-11所示。

图3-11

中式设计风格: 讲求整体布局对称均衡、平稳端庄，造型优美雅致，具有古典内涵。选用花、鸟、鱼、虫等体现自然意趣的装饰元素，以及黑色、红色、黄色等浓郁色彩，体现东方清雅、含蓄的意境追求，如图3-12所示。

图3-12

　　欧式风格：具有自然、优雅、含蓄的特点，装饰简洁大方。从历史发展的角度来看，欧式风格包括古希腊风格、罗马古典风格、哥特式风格、巴洛克风格、洛可可风格等分支；风格或是豪华大气，或是浪漫温柔，体现出绅士与贵族气质，如图3-13所示。

图3-13

　　新古典主义风格：采用扇形、玫瑰、叶纹等进行装饰，并以沉稳大气的深色调为主，运用金、银色系，营造空间高贵、富丽感，材质选择大理石、织物等，强调空间的艺术感，以及追求自然、复古的艺术形式，如图3-14所示。

图3-14

　　东南亚风格：表现出浓郁的民族特色与异域风情，运用木材、藤条、竹子、石材等材质，以及鲜艳华丽的色彩，形成醒目、绚丽、鲜活的视觉效果，如图3-15所示。

图3-15

　　地中海风格：以蓝色与白色为主，追求浪漫、纯粹的自然风光。白灰泥墙、拱廊与拱门、陶砖、海蓝色的屋瓦和门窗是地中海风格最为鲜明的特征，如图3-16所示。

图3-16

　　美式风格：崇尚自由，体现出随性、自由的设计特点，如图3-17所示。

图3-17

　　北欧风格：线条简练，造型简单，体现出回归自然的风格，展现出极简、原始的特点，如图3-18所示。

图3-18

　　工业风格：多使用黑、白、灰等无彩色，体现前卫、个性、简约的特点；墙面采用水泥墙或是砖墙，体现原始、天然的风格，如图3-19所示。

图3-19

　　混搭设计风格：将古今与中西风格进行融合，通过传统的屏风、摆设搭配以现代的墙面、陈设，带来时尚、个性的感觉，给人新颖独特、与众不同的体验，如图3-20所示。

图3-20

3.1.4 室内设计的原则

室内设计风格的不断变化，使室内设计面临着更多的挑战。室内设计想要获得认可，必须给人留下深刻印象，根据不同的要求进行设计。在进行室内设计时须遵循以下几个原则。

功能性原则：满足空间使用的功能，在保护空间主体结构不受损害的基础上，对空间的界面与组织进行设计，使空间布局、界面装饰、室内陈设与环境氛围形成统一风格。

安全性原则：在进行室内设计时，安全性是第一要求。无论是墙面、地面或是顶部的设计，其构造、装饰或者是各部分间连接节点，都要做到符合安全标准。

经济性原则：根据建筑的性质与用途确定设计标准，以最小的消耗达到设计所需，通过巧妙的构造与设计达到实用性与艺术性并存的效果。

审美性原则：通过形、色、质、声、光等形式体现整体空间设计的美感。

整体性原则：在满足空间的功能要求的基础上，保证室内空间协调、一致，带来和谐、优美的感受，如图3-21所示。

图3-21

3.2 室内设计实战

3.2.1 实例：明亮小户型客厅设计

设计思路

案例类型：

本案例是明亮小户型客厅设计，作品如图3-22所示。

图3-22

项目诉求：

　　本案例为明亮的小户型客厅设计，追求明亮、干净、简洁，因此，除了大面积使用白色外，借助窗户照射的自然光提升明度，如图3-23所示。

图3-23

设计定位：

　　小面积的客厅空间对于空间利用率的要求较高。本案例中沙发、茶几、绿植等家具陈设放置得较为紧密，有效利用空间，形成规整、井然有序的展示效果，如图3-24所示。

图3-24

配色方案

　　小户型的室内空间主要体现明亮、整洁，因此本案例采用素雅的色彩搭配方案，使用浅咖啡色、白色作为主要搭配，并点缀小面积的蓝色和绿色，提升空间的生机感。

主色：

　　本案例以白色和浅咖啡色为主色。大面积的地毯和浅咖啡色的沙发搭配墙面白色乳胶漆，给人低调、舒缓的感觉，在这种空间中会产生舒适、放松的感受，如图3-25所示。

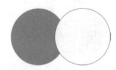

图3-25

辅助色：

白色和浅咖啡色搭配作为主色，空间缺少低明度色彩，会使得空间看起来"飘""轻"，因此，选择低明度的深咖啡色茶几、柜子、边几、画框，使空间看起来更稳重。配色效果如图3-26所示。

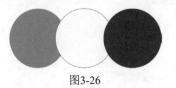

图3-26

点缀色：

白色、浅咖啡色、深咖啡色搭配在一起非常柔和，但缺少动感、生机，因此选择小面积的蓝色花瓶、绿色植物作为点缀。主色、辅助色与点缀色的对比效果如图3-27所示。

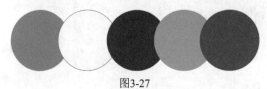

图3-27

空间布局

该作品主要采用"单侧"分布的布局方式。针对小户型客厅空间采用偏向一侧布置陈列的方式，可以提升空间利用率，另外一侧的空间可留作他用，如摆放餐桌椅等。图3-28所示为空间【顶】视图和【前】视图展示的对称布局。

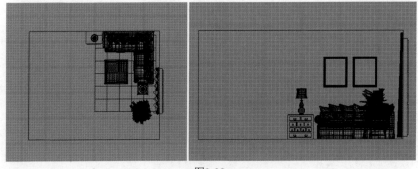

图3-28

项目实战

本案例是明亮的小户型客厅，有限的面积得到合理分配，形成整洁、明亮、干净的空间效果。花瓶摆件、壁画、边几、茶几等陈设色彩浓重，使整体空间在视觉上形成明暗、轻重对比，视觉效果更加和谐、自然。客厅的多种材质质感主要使用标准材质、VRayMtl材质、【混合】材质、【衰减】程序贴图来制作，使用VR灯光模拟客厅日景表现。

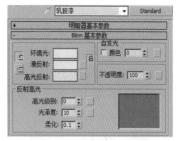

图3-30

❸ 将调节完成的【乳胶漆】材质赋予场景中的墙体模型，效果如图3-31所示。

操作步骤

1.材质的制作

1）乳胶漆材质的制作

❶ 打开本书场景文件，如图3-29所示。

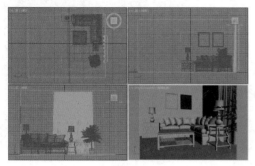

图3-29

❷ 按M键打开【材质编辑器】对话框，选择一个空白材质球，将材质命名为【乳胶漆】，展开【Blinn基本参数】卷展栏，将【环境光】、【漫反射】后面的颜色均调节为灰白色，如图3-30所示。

2）透光窗帘材质的制作

❶ 选择一个空白材质球，单击 Standard 按钮，在弹出的【材质/贴图浏览器】对话框中选择VRayMtl材质，如图3-32所示。

图3-31

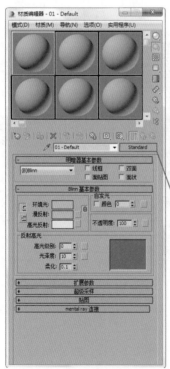
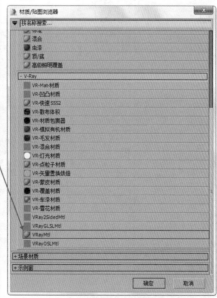

图3-32

❷ 将材质命名为【透光窗帘】，在【漫反射】选项组中调节颜色为淡蓝色；在【反射】选项组中取消选中【菲涅耳反射】复选框；在【折射】选项组中设置【光泽度】为0.85，选中【影响阴影】复选框，设置【折射率】为1.001，如图3-33所示。

图3-33

❸ 将调节完成的【透光窗帘】材质赋予场景中的窗帘模型，效果如图3-34所示。

图3-34

3）木地板材质的制作

❶ 选择一个空白材质球，单击 Standard 按钮，在弹出的【材质/贴图浏览器】对话框中选择VRayMtl材质，如图3-35所示。

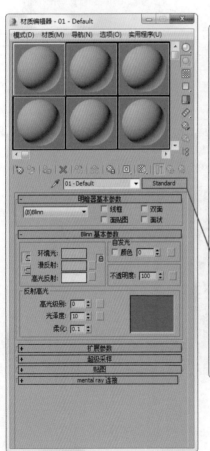

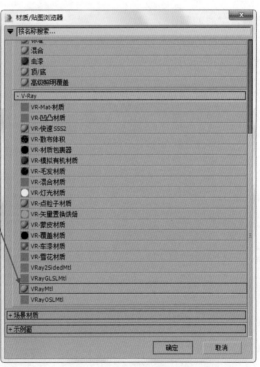

图3-35

② 将材质命名为【木地板】，在【漫反射】选项组中加载【地板.jpg】贴图文件，设置【裁剪/放置】下的U为0.209、W为0.578，设置【反射光泽度】为0.7、【细分】为15，取消选中【菲涅耳反射】复选框，如图3-36所示。

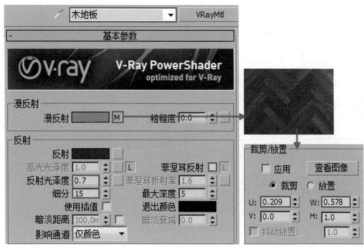

图3-36

③ 展开【贴图】卷展栏，将【漫反射】后面的贴图拖曳到【凹凸】的贴图通道上，设置【方法】为【复制】，设置【凹凸】为90.0，在【环境】后面的通道上加载【输出】程序贴图，如图3-37所示。

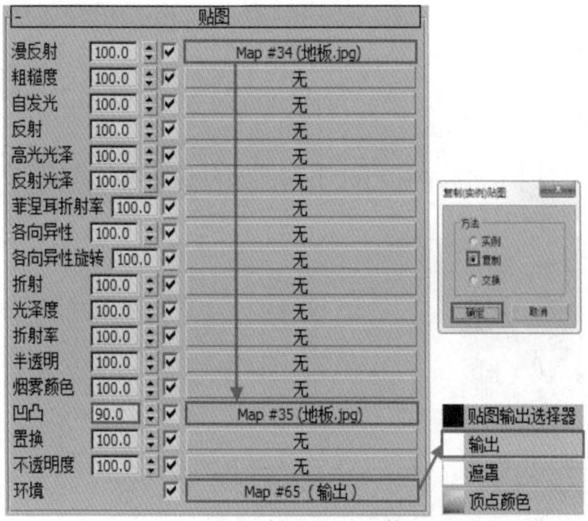

图3-37

④ 选择木地板模型，为其加载【UVW贴图】修改器，设置【贴图】方式为【平面】，设置【长度】为301.983mm、【宽度】为376.834mm，设置【对齐】为Z，如图3-38所示。

图3-38

⑤ 将调节完成的【木地板】材质赋予场景中的地板模型，效果如图3-39所示。

图3-39

4）地毯材质的制作

① 选择一个空白材质球，单击 Standard 按钮，在弹出的【材质/贴图浏览器】对话框中选择VRayMtl 材质，如图3-40所示。

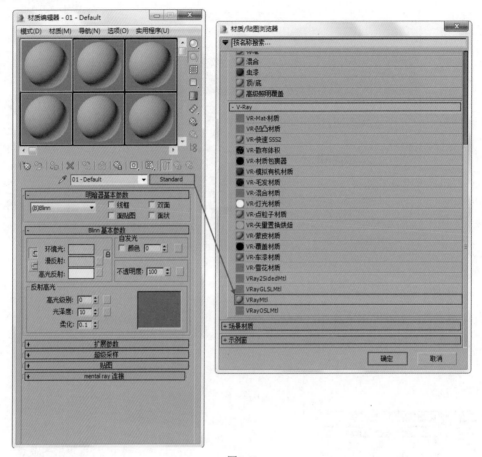

图3-40

② 将材质命名为【地毯】，在【漫反射】选项组中加载【L13580512.jpg】贴图文件，设置【偏移】的V为0.8、【瓷砖】的U和V均为0.4，如图3-41所示。

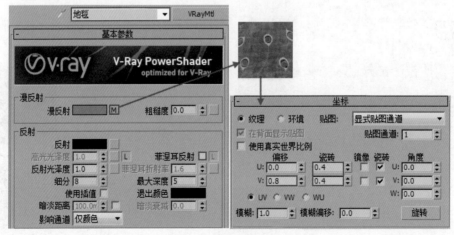

图3-41

❸ 选择地毯模型，为其加载【UVW贴图】修改器，设置【贴图】方式为【平面】，设置【长度】、【宽度】均为800mm，设置【对齐】为Z，如图3-42所示。

图3-42

❹ 将调节完成的【地毯】材质赋予场景中的地毯模型，效果如图3-43所示。

图3-43

5）沙发材质的制作

❶ 选择一个空白材质球，单击 Standard 按钮，在弹出的【材质/贴图浏览器】对话框中选择【混合】材质，选择【丢弃旧材质】，如图3-44所示。

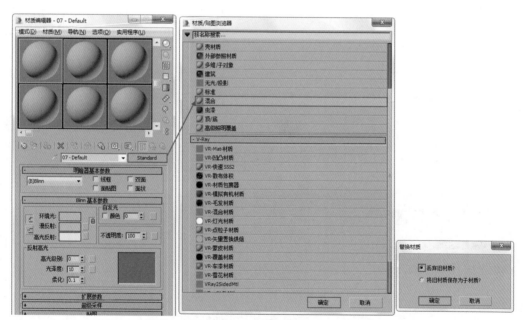

图3-44

❷ 将材质命名为【沙发】，在【材质1】后面的通道加载VRayMtl材质，在【漫反射】选项组中加载【衰减】程序贴图，分别在颜色后面的通道上加载【43806 副本2daaadaaaacaa1.jpg】和【43801 副本ba1a.jpg】贴图文件，设置【瓷砖】的U和V均为1.5。设置【衰减类型】为Fresnel，展开【混合曲线】卷展栏，调节曲线样式。在【反射】选项组中取消选中【菲涅耳反射】复选框，如图3-45所示。

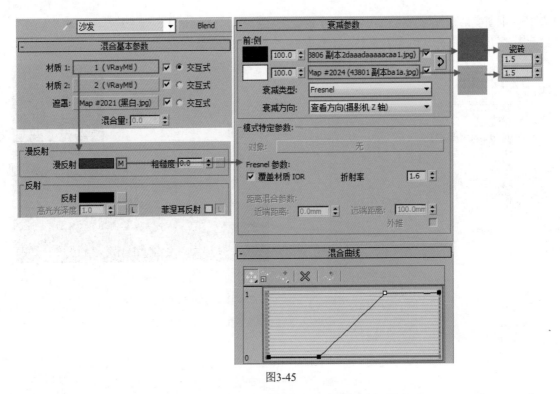

图3-45

❸ 返回到【混合基本参数】卷展栏，在【材质2】后面的通道加载VRayMtl材质，在【漫反射】选
项组中加载【衰减】程序贴图，分别在颜色后面的通道上加载【43801 副本ba1.jpg】和【43801 副本
ba12.jpg】贴图文件，设置【瓷砖】的U和V均为1.5。展开【混合曲线】卷展栏，调节曲线样式。在
【反射】选项组中取消选中【菲涅耳反射】复选框，如图3-46所示。

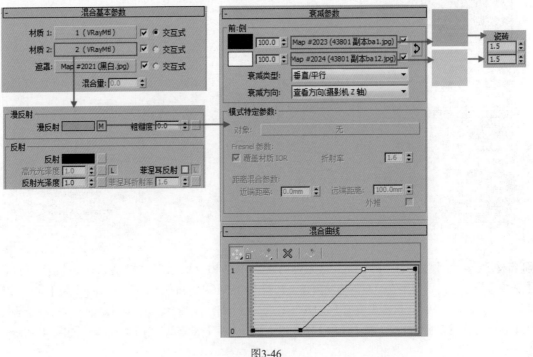

图3-46

④ 返回到【混合基本参数】卷展栏，在【遮罩】后面的通道加载【黑白.jpg】贴图文件，设置【瓷砖】的U和V均为1.2，如图3-47所示。

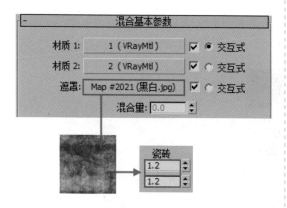

图3-47

⑤ 选择沙发模型，为其加载【UVW贴图】修改器，设置【贴图】方式为【长方体】，设置【长度】、【宽度】和【高度】均为800.0mm，设置【对齐】为Z，如图3-48所示。

图3-48

⑥ 将调节完成的【沙发】材质赋予场景中的沙发模型，效果如图3-49所示。

图3-49

6）茶几材质的制作

① 选择一个空白材质球，单击 Standard 按钮，在弹出的【材质/贴图浏览器】对话框中选择VRayMtl材质，如图3-50所示。

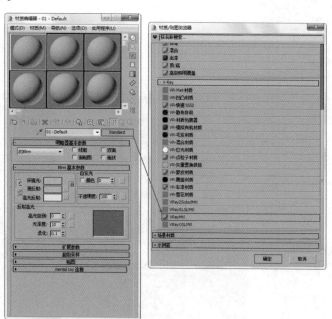

图3-50

② 将材质命名为【茶几】，在【漫反射】选项组中加载【yNfgaNj013a1.jpg】贴图文件，设置【角度】的W为90.0。在【反射】选项组中加载【衰减】程序贴图，设置【衰减类型】为Fresnel，调整【折射率】为2.0。单击【高光光泽度】后面的 L 按钮，调整其数值为0.75，设置【反射光泽度】为0.8、【细分】为50，取消选中【菲涅耳反射】复选框，如图3-51所示。

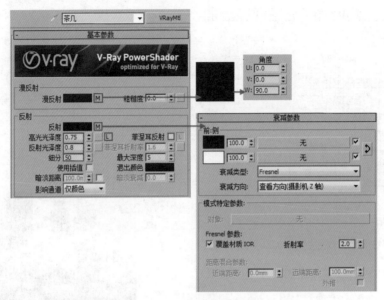

图3-51

③ 选择茶几模型，为其加载【UVW贴图】修改器，设置【贴图】方式为【长方体】，设置【长度】、【宽度】和【高度】均为800.0mm，设置【对齐】为Z，如图3-52所示。

④ 将调节完成的【茶几】材质赋予场景中的茶几模型，如图3-53所示。

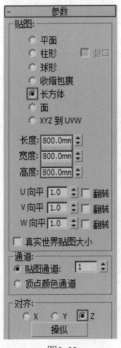

图3-52

图3-53

2.设置灯光并进行草图渲染

1）窗口光线的设置

1 单击 ■ （创建）| ■ （灯光）| VRay ▼ | VR-灯光 按钮，如图3-54所示。在【左】视图中创建 VR-灯光，具体的位置如图3-55所示。

图3-54

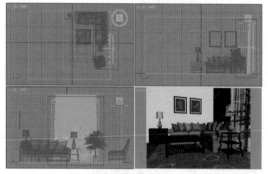

图3-55

2 选择上一步创建的VR-灯光，在【常规】选项组中设置【类型】为【平面】；在【强度】选项组中调节【倍增】为40.0，调节【颜色】为紫色；在【大小】选项组中设置【1/2长】为1200.0mm、【1/2宽】为980.0mm；在【采样】选项组中设置【细分】为15，如图3-56所示。

图3-56

2）辅助灯光的设置

1 单击 ■ （创建）| ■ （灯光）| VRay ▼ | VR-灯光 按钮，如图3-57所示。在【左】视图中创建 VR-灯光，具体的位置如图3-58所示。

图3-57

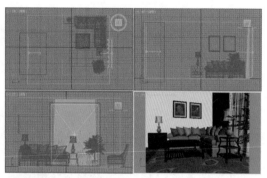

图3-58

2 选择上一步创建的VR-灯光，在【常规】选项组中设置【类型】为【平面】；在【强度】选项组中调节【倍增】为1.0，调节【颜色】为白色；在【大小】选项组中设置【1/2长】为1200.0mm、【1/2宽】为980.0mm；在【选项】选项组中选中【不可见】复选框；在【采样】选项组中设置【细分】为15，如图3-59所示。

图3-59

3.设置摄影机

❶ 单击■（创建）| ■（摄影机）| [标准▾] | [物理] 按钮，如图3-60所示。在【顶】视图中创建摄影机，具体的位置如图3-61所示。

图3-60

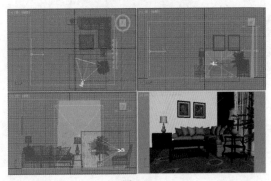

图3-61

❷ 选择上一步创建的物理摄影机，在【修改】命令面板下展开【基本】卷展栏，修改【目标距离】为1289.657mm；在【物理摄影机】卷展栏下选中【指定视野】复选框，修改数值为65.503，如图3-62所示。

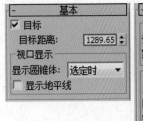

图3-62

4.设置成图渲染参数

❶ 按F10键，在打开的【渲染设置】对话框中重新设置渲染参数，选择【渲染器】为V-Ray Adv 3.00.08，选择【公用】选项卡，在【输出大小】选项组中设置【宽度】为2000、【高度】为

1500，如图3-63所示。

图3-63

❷ 选择V-Ray选项卡，展开【帧缓冲区】卷展栏，取消选中【启用内置帧缓冲区】复选框。展开【全局开关［无名汉化］】卷展栏，选择【专家模式】，取消选中【概率灯光】、【过滤GI】、【最大光线强度】复选框。展开【图像采样器（抗锯齿）】卷展栏，设置【最小着色速率】为1，选择【过滤器】为Mitchell-Netravali。展开【全局确定性蒙特卡洛】卷展栏，选中【时间独立】复选框。展开【环境】卷展栏，选中【全局照明（GI）环境】复选框，将【颜色】调节为淡蓝色。展开【颜色贴图】卷展栏，选择【专家模式】，设置【类型】为【指数】、【伽马】为1.0，设置【暗度倍增】为0.9、【明度倍增】为1.1，选中【子像素贴图】、【钳制输出】复选框，选择【模式】为【颜色贴图和伽马】，如图3-64所示。

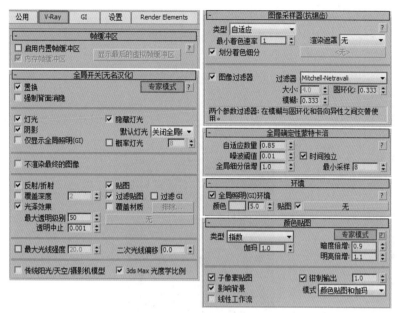

图3-64

3️⃣ 选择GI选项卡，展开【全局照明［无名汉化］】卷展栏，选中【启用全局照明（GI）】复选框，选择【专家模式】，设置【二次引擎】为【灯光缓存】。展开【发光图】卷展栏，选择【专家模式】，设置【当前预设】为【低】，选中【显示直接光】复选框，并选择【显示新采样为亮度】选项。展开【灯光缓存】卷展栏，选择【专家模式】，取消选中【存储直接光】、【折回】复选框，设置【插值采样】为10，如图3-65所示。

4️⃣ 最终的渲染效果如图3-66所示。

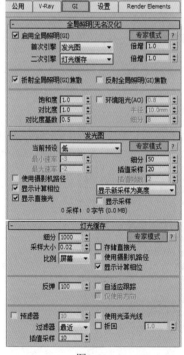

图3-65

图3-66

3.2.2 实例：现代风格休息室一角

设计思路

案例类型：

本项目是现代风格休息室一角的展示陈列设计，案例重点在于墙面与地面面积地巧妙划分。作品如图3-67所示。

图3-67

项目诉求：

本案例主要面向年轻人群体，突出时尚、潮流的特点，诠释年轻人的生活方式和态度。作品看似简约，却不失生活情趣，如图3-68所示。

图3-68

设计定位：

背景墙和地面形成了"两纵两横"共四个长方形拼接的画面，极具现代主义内涵，使空间感和秩序感更强。该作品结合了著名画家彼埃·蒙德里安经典的几何学规范之美，如图3-69所示。

图3-69

本案例以浅灰色、驼色为主色，白色、黑色为辅助色，绿色为点缀色。

主色：

本案例以浅灰色、驼色作为主色，两种中明度、低饱和度的色彩搭配在一起，产生低调、柔和的感觉，如图3-70所示。

图3-70

辅助色：

白色、黑色作为辅助色，使作品在明度方面更丰富。包括低明度的黑色，中明度的浅灰色、驼色，高明度的白色，这四种色彩搭配在一起没有任何突兀感，都是室内设计中最常用的色彩，而且这四种色彩搭配方案大多都比较舒适，如图3-71所示。

图3-71

点缀色：

为了避免产生空间过于低调的视觉效果，增添些许植物的绿色，起到画龙点睛的作用，如图3-72所示。

图3-72

空间布局

该作品主要采用"自由型"的布局方式，餐桌椅相对自由、随意地陈列摆放，搭配以面积不同的长方形组成的墙面、地面，整体陈列方式自由，不受拘束，是当代年轻人比较喜爱的空间陈列方式。图3-73所示为空间【顶】视图和【前】视图展示的对称布局。

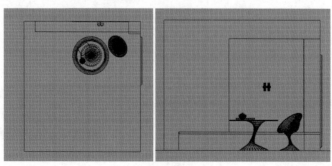

图3-73

项目实战

　　本案例是在阳光照射下的休息室一角，墙面与地面的不均等分割以及形状独特的茶几与座椅显露出个性、自由的设计理念。休息室的多种材质质感主要使用标准材质、VRayMtl材质来制作，使用目标平行光模拟日光光照，使用VR灯光模拟辅助灯光。

操作步骤

1.材质的制作

1）砖墙材质的制作

❶打开本书场景文件，如图3-74所示。

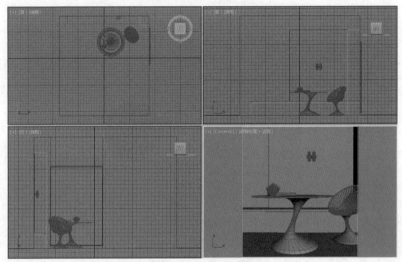

图3-74

❷按M键打开【材质编辑器】对话框，选择一个空白材质球，将材质命名为【砖墙】，展开【Blinn基本参数】卷展栏，在【漫反射】后面加载【砖墙.jpg】贴图文件。在【输出】卷展栏下选中【启用颜色贴图】复选框，单击【移动】按钮🔘，调整下方的数值为1.0和0.49，如图3-75所示。

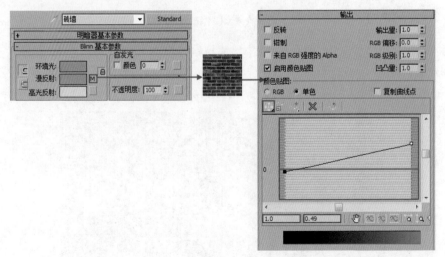

图3-75

❸ 展开【贴图】卷展栏，在【凹凸】后面加载【砖墙.jpg】贴图文件，在【输出】卷展栏下选中【启用颜色贴图】复选框，单击【移动】按钮🖐，调整下方的数值为0.0和-0.011，如图3-76所示。

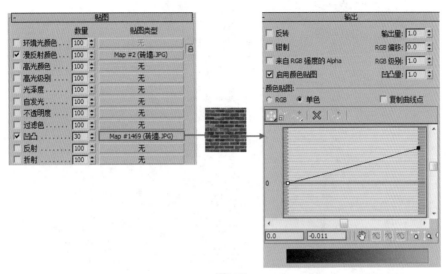

图3-76

❹ 选择墙体模型，为其加载【UVW贴图】修改器，设置【贴图】方式为【长方体】，设置【长度】为840.84mm、【宽度】为987.987mm、【高度】为1282.281mm，设置【对齐】为Z，如图3-77所示。

❺ 将调节完成的【砖墙】材质赋予场景中的墙体模型，效果如图3-78所示。

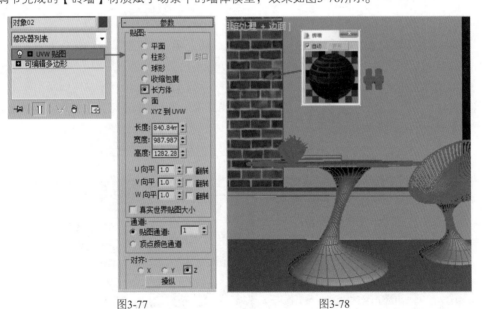

图3-77   图3-78

2）石材材质的制作

❶ 选择一个空白材质球，单击 Standard 按钮，在弹出的【材质/贴图浏览器】对话框中选择VRayMtl材质，如图3-79所示。

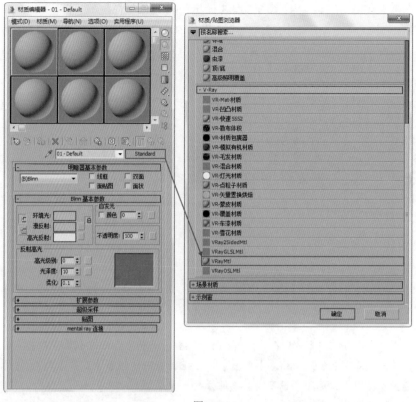

图3-79

② 将材质命名为【石材】，在【漫反射】选项组中加载【平铺】程序贴图，选择【预设类型】为
【1/2连续砌合】，在【高级控制】卷展栏下，在【纹理】后面的通道上加载Textures4ever_Vol2_
Square_55.jpg贴图文件，设置【水平数】为8、【垂直数】为13，设置【水平间距】和【垂直间
距】均为0.03、【随机种子】为42260。设置【反射光泽度】为0.65、【细分】为15，取消选中【菲
涅耳反射】复选框，如图3-80所示。

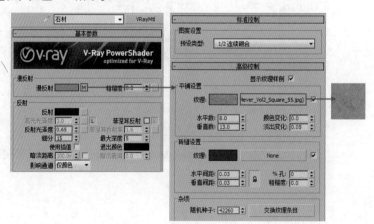

图3-80

③ 展开【贴图】卷展栏，在【凹凸】后面的通道上加载【平铺】程序贴图，选择【预设类型】为
【1/2连续砌合】，在【高级控制】卷展栏下，调节【纹理】后面的颜色为白色，设置【水平数】为

8、【垂直数】为13，设置【水平间距】和【垂直间距】均为0.03、【随机种子】为42260，如图3-81所示。

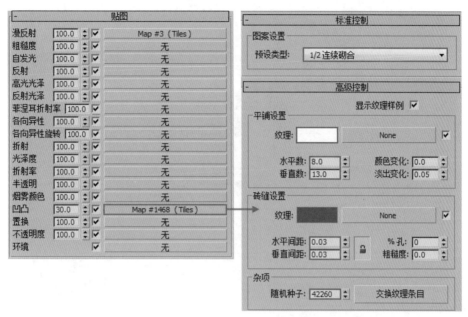

图3-81

④ 选择墙体模型，为其加载【UVW贴图】修改器，设置【贴图】方式为【平面】，设置【长度】为2002mm、【宽度】为1692.415mm，设置【对齐】为Z，如图3-82所示。

图3-82

⑤ 将调节完成的【石材】材质赋予场景中的墙体模型，如图3-83所示。

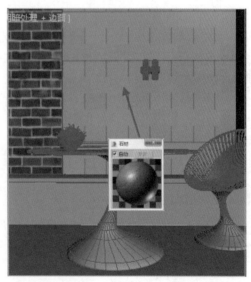

图3-83

3）塑料材质的制作

① 选择一个空白材质球，单击 Standard 按钮，在弹出的【材质/贴图浏览器】对话框中选择VRayMtl材质，如图3-84所示。

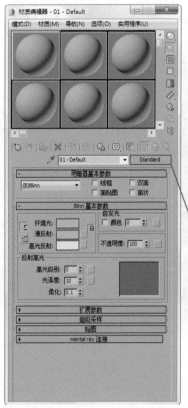

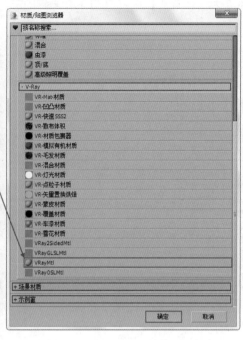

图3-84

② 将材质命名为【塑料】，在【漫反射】选
项组中调节颜色为黑色，在【反射】选项组中
加载【衰减】程序贴图，设置【衰减类型】为
Fresnel，调整【折射率】为2.0。单击【高光光
泽度】后面的█按钮，调整其数值为0.85，取消
选中【菲涅耳反射】复选框，如图3-85所示。

图3-85

③ 将调节完成的【塑料】材质赋予场景中的桌
椅模型，如图3-86所示。

图3-86

4）木地板材质的制作

❶ 选择一个空白材质球，单击 Standard 按钮，在弹出的【材质/贴图浏览器】对话框中选择VRayMtl材质，如图3-87所示。

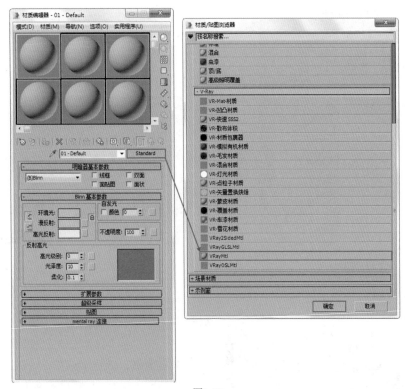

图3-87

❷ 将材质命名为【木地板】，在【漫反射】选项组中加载【061.jpg】贴图文件，选中【启用颜色贴图】复选框，单击【移动】按钮，调整下方的数值为1.0和0.74。单击【高光光泽度】后面的L按钮，调整其数值为0.8，设置【反射光泽度】为0.85、【细分】为15，取消选中【菲涅耳反射】复选框，如图3-88所示。

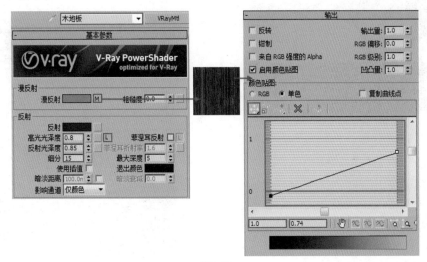

图3-88

❸ 选择地毯模型，为其加载【UVW贴图】修改器，设置【贴图】方式为【平面】，设置【长度】为2372.778mm、【宽度】为1443.723mm，设置【对齐】为Z，如图3-89所示。

图3-89

❹ 将调节完成的【木地板】材质赋予场景中的地板模型，如图3-90所示。

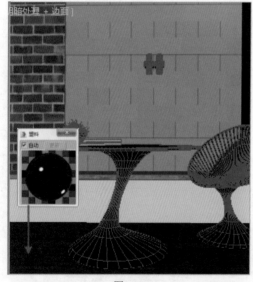

图3-90

2.设置灯光并进行草图渲染

1）太阳光的设置

❶ 单击 ▣（创建）|（灯光）| 标准 ▾ | 目标平行光 按钮，如图3-91所示。在【顶】视图中创建摄影机，具体的位置如图3-92所示。

图3-91

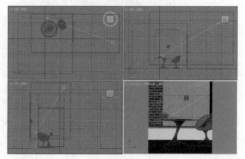

图3-92

❷ 选择上一步创建的目标平行光，在【阴影】选项组中选中【启用】复选框，选择【VR-阴影】。在【强度/颜色/衰减】卷展栏中设置【倍增】为50，在【远距衰减】选项组中选中【使用】复选框，设置【结束】为6200.0mm。在【平行光参数】卷展栏中设置【聚光区/光束】为1060.0mm、【衰减区/区域】为1660.0mm。展开【VRay阴影参数】卷展栏，选中【区域阴影】复选框，设置【U大小】、【V大小】和【W大小】均为100.0mm，【细分】为20，如图3-93所示。

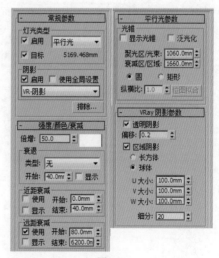

图3-93

2）辅助灯光的设置

❶ 单击■（创建）|■（灯光）| VRay ▼ |
VR-灯光 按钮，如图3-94所示。在【左】视图中创建VR灯光，具体的位置如图3-95所示。

图3-94

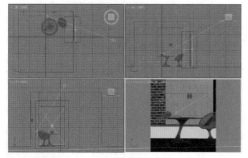

图3-95

❷ 选择上一步创建的VR灯光，在【常规】选项组中设置【类型】为【平面】，在【强度】选项组中调节【倍增】为10，调节【颜色】为浅橘色，在【大小】选项组中设置【1/2长】为970.0mm、【1/2宽】为680.0mm，在【选项】选项组中选中【不可见】复选框，在【采样】选项组中设置【细分】为20，如图3-96所示。

图3-96

❸ 单击■（创建）|■（灯光）| VRay ▼ |
VR-灯光 按钮，如图3-97所示。在【左】视图中创建VR灯光，具体的位置如图3-98所示。

图3-97

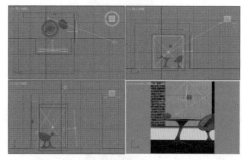

图3-98

❹ 选择上一步创建的VR灯光，在【常规】选项组中设置【类型】为【平面】，在【强度】选项组中调节【倍增】为3，调节【颜色】为淡蓝色，在【大小】选项组中设置【1/2长】为970.0mm、【1/2宽】为920.0mm，在【选项】选项组中选中【不可见】复选框，在【采样】选项组中设置【细分】为15，如图3-99所示。

图3-99

3. 设置摄影机

❶ 单击 ■（创建）|■（灯光）| 标准 ▼ |
■■■■目标■ 按钮，如图3-100所示。在【顶】视图中
创建摄影机，具体的位置如图3-101所示。

图3-100

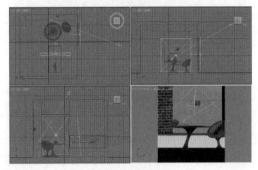

图3-101

❷ 选择上一步创建的目标摄影机，展开【参
数】卷展栏，设置【镜头】为47.993、【视野】
为41.118，设置【目标距离】为1053.005mm，
如图3-102所示。

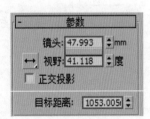

图3-102

4. 设置成图渲染参数

❶ 按F10键，在打开的【渲染设置】对话框中
重新设置渲染参数，选择【渲染器】为V-Ray
Adv 3.00.08，选择【公用】选项卡，在【输出大
小】选项组中设置【宽度】为2000、【高度】
为2178，如图3-103所示。

图3-103

❷ 选择V-Ray选项卡，展开【帧缓冲区】卷展
栏，取消选中【启用内置帧缓冲区】复选框。
展开【全局开关［无名汉化］】卷展栏，选择
【专家模式】，取消选中【概率灯光】、【过滤
GI】、【最大光线强度】复选框。展开【图像
采样器（抗锯齿）】卷展栏，设置【最小着色速
率】为1，选择【过滤器】为Mitchell-Netravali。
展开【全局确定性蒙特卡洛】卷展栏，设置【噪
波阈值】为0.008，选中【时间独立】复选框，设
置【最小采样】为10。展开【环境】卷展栏，选
中【全局照明（GI）环境】复选框，将【颜色】
调节为蓝灰色。展开【颜色贴图】卷展栏，选择
【专家模式】，设置【类型】为【指数】，【伽
玛】为1.0，选中【子像素贴图】、【钳制输出】
复选框，取消选中【影响背景】复选框，选择【模
式】为【颜色贴图和伽玛】，如图3-104所示。

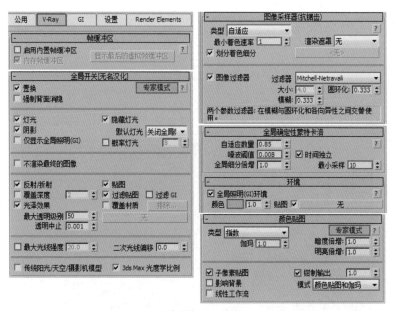

图3-104

❸ 选择GI选项卡，展开【全局照明［无名汉化］】卷展栏，选中【启用全局照明（GI）】复选框，选择【专家模式】，设置【二次引擎】为【灯光缓存】。展开【发光图】卷展栏，选择【专家模式】，设置【当前预设】为【非常低】，设置【插值采样】为30，选中【显示直接光】复选框，选择【显示新采样为亮度】。展开【灯光缓存】卷展栏，选择【专家模式】，取消选中【存储直接光】复选框，设置【插值采样】为10，如图3-105所示。

❹ 最终的渲染效果如图3-106所示。

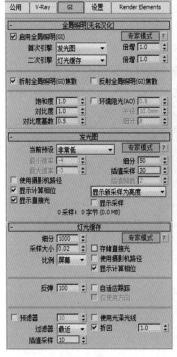

图3-105

图3-106

3.2.3 实例：混搭风格夜晚卧室表现

设计思路

案例类型：

本案例是混搭风格的卧室空间的夜晚展示效果设计项目，作品如图3-107所示。

图3-107

项目诉求：

本案例是混搭风格的卧室空间设计，融合了东南亚风格与现代风格。卧室中不同风格的家具组合与陈设，可以营造与众不同的装饰风格。空间中灯光安排合理、层次分明，既起到基础的照明功能，还为空间打造出艺术性。舒适的色调，营造出良好的睡眠氛围，如图3-108所示。

图3-108

设计定位：

根据要求打造灯光层次分明、具有艺术气息的夜晚照明效果，可以在布置灯光时充分考虑灯光照射的具体区域功能、灯光的不同强度、灯光的不同形状、光与影的关系、室内灯光与室外自然光的对比等，如图3-109所示。

图3-109

配色方案

本案例主要为了表现卧室空间的夜晚效果,营造舒适、良好的睡眠氛围。使用暖色与中纯度色彩进行搭配,打造出雅致、柔和的效果,同时不失深邃质感。

主色:

本作品以顶棚、墙壁、地砖的米色为主色包裹整个空间,在暖色灯光的衬托下,打造出温馨、舒适的家居空间,如图3-110所示。

图3-110

辅助色:

以孔雀蓝、棕色为辅助色搭配,增添了空间的独特艺术气质。孔雀蓝既有天空的纯净,又有海的深远;而棕色则稳重、雅致,三种颜色搭配在一起碰撞出极具艺术性的感觉,如图3-111所示。

图3-111

点缀色:

本案例没有选择亮丽的高纯度色彩作为点缀色,反而选择了深灰色。深灰色金属的床头柜和台灯灯柱,为空间增添了强烈的材质质感,如图3-112所示。

图3-112

在卧室空间较小的情况下，可两面靠墙，余下空间设置衣柜；在房间较大的情况下可采用对称方式布局。该作品采用最常见的"对称"的布局方式，更具平衡、均衡美感。图3-113所示为空间【顶】视图和【前】视图展示的对称布局。

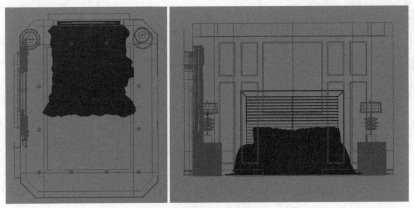

图3-113

项目实战

本案例中卧室空间设计融合了东南亚风格与现代风格，既流露出鲜明的地域与民俗特征，同时不失现代生活格调。卧室的多种材质质感表现主要使用【VR-灯光材质】材质、VRayMtl材质、【衰减】程序贴图、【VR-混合材质】材质来制作，使用VR-灯光模拟室外夜晚效果、台灯效果等，使用目标灯光模拟射灯灯光。

操作步骤

1. 材质的制作

1）窗外背景材质的制作

①打开本书场景文件，如图3-114所示。

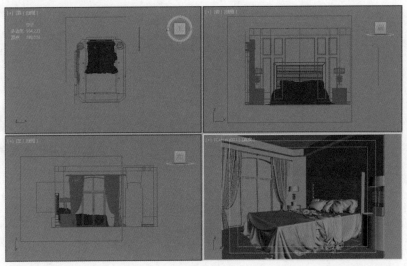

图3-114

2️⃣ 按M键打开【材质编辑器】对话框，选择一个空白材质球，单击 Standard 按钮，在弹出的【材质/贴图浏览器】对话框中选择【VR-灯光材质】材质，如图3-115所示。

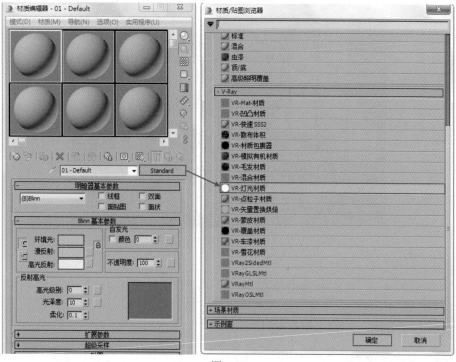

图3-115

3️⃣ 将材质命名为【窗外背景】，在【颜色】后面的通道上加载【naturewe82.jpg】贴图文件，设置数值为0.8，如图3-116所示。

图3-116

4️⃣ 选择模型，为其加载【UVW贴图】修改器，设置【贴图】方式为【长方体】，设置

【长度】和【宽度】均为7000.0mm、【高度】为6006.0mm，设置【对齐】为Z，如图3-117所示。

图3-117

⑤将调节完成的【窗外背景】材质赋予场景中的模型，如图3-118所示。

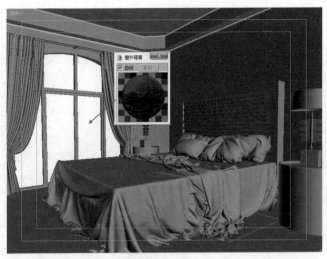

图3-118

2）窗帘材质的制作

❶选择一个空白材质球，单击 Standard 按钮，在弹出的【材质/贴图浏览器】对话框中选择VRayMtl
材质，如图3-119所示。

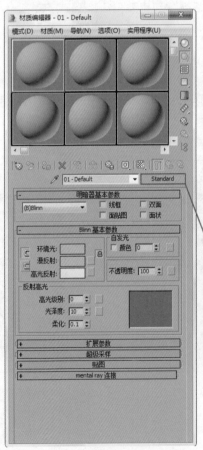

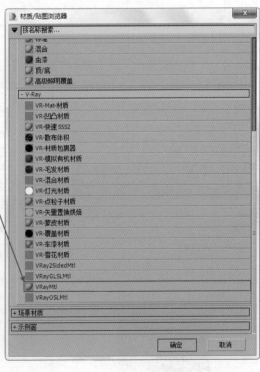

图3-119

② 将材质命名为【窗帘】，在【漫反射】选项组中加载【衰减】程序贴图，在黑色后面的通道上加载【2alpaca-15a.jpg】贴图文件，在白色后面的通道上加载【2alpaca-15awa.jpg】贴图文件。展开【混合曲线】卷展栏，调节曲线样式。在【反射】选项组中取消选中【菲涅耳反射】复选框，如图3-120所示。

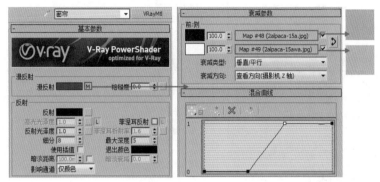

图3-120

③ 选择模型，为其加载【UVW贴图】修改器，设置【贴图】方式为【长方体】，设置【长度】、【宽度】和【高度】均为600.0mm，设置【对齐】为Z，如图3-121所示。

图3-121

④ 将调节完成的【窗帘】材质赋予场景中的窗帘模型，如图3-122所示。

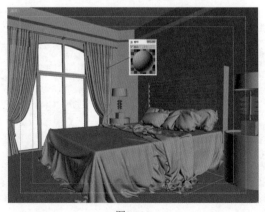

图3-122

3）床头材质的制作

1 选择一个空白材质球，单击 Standard 按钮，在弹出的【材质/贴图浏览器】对话框中选择VRayMtl
材质，如图3-123所示。

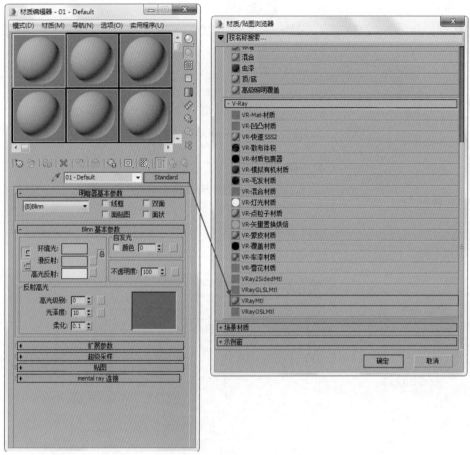

图3-123

2 将材质命名为【床头】，在【漫反射】选项组中调节颜色为棕色，在【反射】选项组中设置【反射
光泽度】为0.85，单击【菲涅耳反射】后面的 L 按钮，调整【菲涅耳折射率】为2.0，如图3-124所示。

3 将调节完成的【床头】材质赋予场景中的床头模型，如图3-125所示。

图3-124   图3-125

4）床单材质的制作

❶ 选择一个空白材质球，单击 Standard 按钮，在弹出的【材质/贴图浏览器】对话框中选择【VR-混合材质】材质，选中【丢弃旧材质】单选按钮，如图3-126所示。

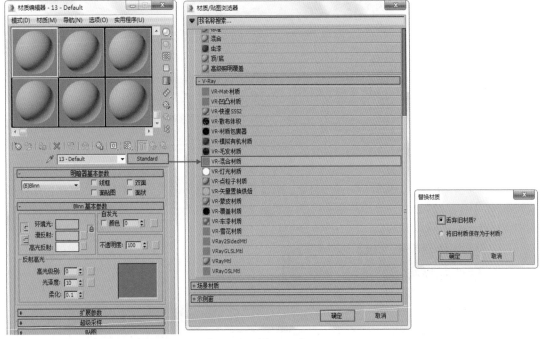

图3-126

❷ 将材质命名为【床单】，在【基本材质】通道上加载VRayMtl材质。单击进入【基本材质】的通道中，在【漫反射】选项组中加载【衰减】程序贴图，将【衰减参数】卷展栏中的第二个【颜色】调节为黑色。取消选中【菲涅耳反射】复选框，如图3-127所示。

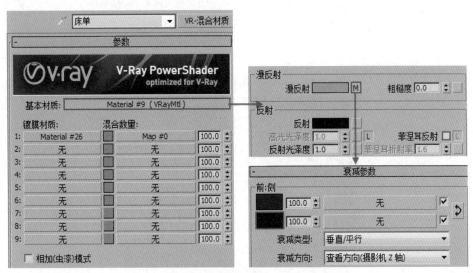

图3-127

❸ 展开【贴图】卷展栏，在【凹凸】通道上加载【501603-1-7.jpg】贴图文件，设置【瓷砖】的U、V均为3.0，如图3-128所示。

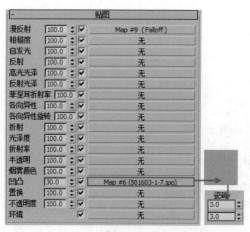

图3-128

4 在【镀膜材质1】通道上加载VRayMtl材质，在【漫反射】选项组中加载【衰减】程序贴图，将【衰减参数】卷展栏中的第二个【颜色】调节为黑色，如图3-129所示。

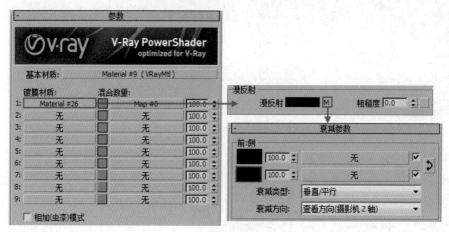

图3-129

5 继续在【镀膜材质1】通道上展开【贴图】卷展栏，在【凹凸】通道上加载【501603-1-7.jpg】贴图文件，设置【瓷砖】的U、V均为3.0，如图3-130所示。

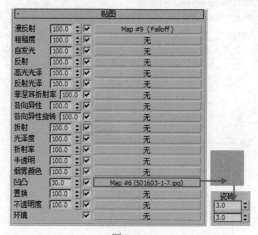

图3-130

⑥ 在【混合数量1】通道上加载【501603-2-7.jpg】程序贴图，设置【瓷砖】的U为3.0、【角度】的W为90.0、【模糊】为1.23，如图3-131所示。

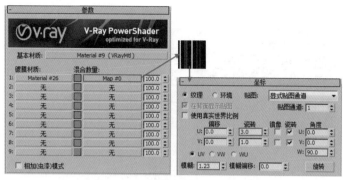

图3-131

⑦ 将调节完成的【床单】材质赋予场景中的床单模型，如图3-132所示。

图3-132

5）被子材质的制作

① 选择一个空白材质球，单击 Standard 按钮，在弹出的【材质/贴图浏览器】对话框中选择【VR-混合材质】材质，选中【丢弃旧材质】单选按钮，如图3-133所示。

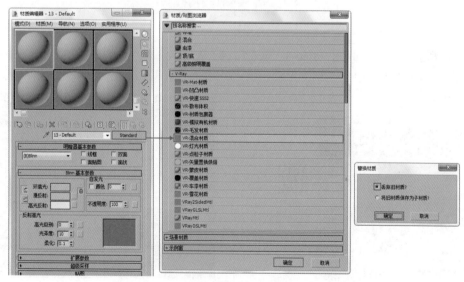

图3-133

② 将材质命名为【被子】，在【基本材质】通道上加载VRayMtl材质。单击进入【基本材质】的通道中，在【漫反射】选项组中调节颜色为黑色。展开【贴图】卷展栏，在【凹凸】通道上加载【501603-1-7.jpg】贴图文件，如图3-134所示。

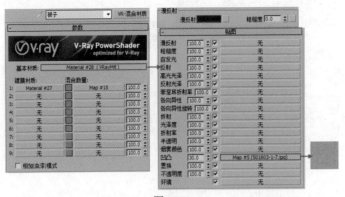

图3-134

③ 在【镀膜材质1】通道上加载VRayMtl材质，在【漫反射】选项组中调节颜色为黑色，取消选中【菲涅耳反射】复选框，展开【贴图】卷展栏，在【凹凸】通道上加载【501603-1-7.jpg】贴图文件，设置【瓷砖】的U、V均为3.0，如图3-135所示。

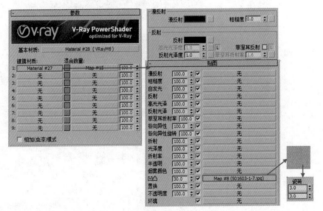

图3-135

④ 在【混合数量1】通道上加载【501603-3-7.jpg】程序贴图，设置【瓷砖】的U为2.0、V为1.3，如图3-136所示。

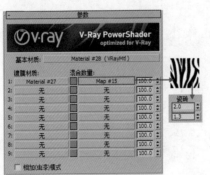

图3-136

⑤ 将调节完成的【被子】材质赋予场景中的被子模型，如图3-137所示。

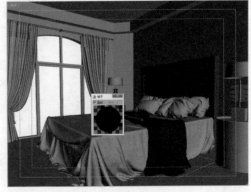

图3-137

6）地毯材质的制作

❶ 选择一个空白材质球，单击 Standard 按钮，在弹出的【材质/贴图浏览器】对话框中选择VRayMtl材质，如图3-138所示。

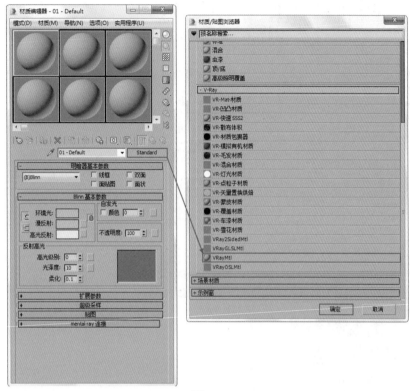

图3-138

❷ 将材质命名为【地毯】，在【漫反射】选项组中加载【43812 副本1.jpg】贴图文件，在【反射】选项组中加载【衰减】程序贴图，将第二个【颜色】调节为蓝色，设置【衰减类型】为Fresnel，如图3-139所示。

图3-139

❸ 将调节完成的【地毯】材质赋予场景中的地毯模型，如图3-140所示。

图3-140

7）灯罩材质的制作

❶ 选择一个空白材质球，单击 Standard 按钮，在弹出的【材质/贴图浏览器】对话框中选择

VRayMtl材质，如图3-141所示。

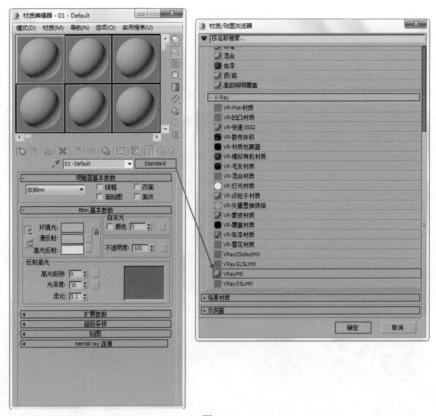

图3-141

❷ 将材质命名为【灯罩】，在【漫反射】选项组中加载【Archmodels59_ cloth_026l.jpg】贴图文件，在【反射】选项组中取消选中【菲涅耳反射】复选框，加载【衰减】程序贴图，将第二个【颜色】调节为黑色。在【折射】选项组中设置【光泽度】为0.75，选中【影响阴影】复选框，如图3-142所示。

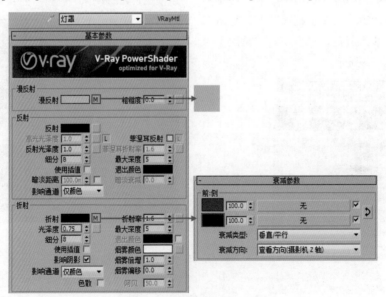

图3-142

❸ 选择地毯模型，为其加载【UVW贴图】修改器，设置【贴图】方式为【长方体】，设置【长度】、【宽度】和【高度】均为300.0mm，设置【对齐】为Z，如图3-143所示。

图3-143

❹ 将调节完成的【灯罩】材质赋予场景中的灯罩模型，如图3-144所示。

图3-144

2.设置灯光并进行草图渲染

1）灯罩灯光的设置

❶ 单击 （创建）|（灯光）| VRay | VR-灯光 按钮，如图3-145所示。在【顶】视图中创建摄影机，具体位置如图3-146所示。

图3-145

图3-146

❷ 选择上一步创建的VR灯光，在【常规】选项组中设置【类型】为【球体】，在【强度】选项组中设置【倍增】为50.0，设置【颜色】为橘色，在【大小】选项组中设置【半径】为60.0mm。在【选项】选项组中选中【不可见】复选框，在【采样】选项组中设置【细分】为16，如图3-147所示。

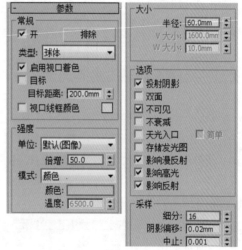

图3-147

❸ 单击 （创建）|（灯光）| VRay | VR-灯光 按钮，如图3-148所示。在【前】视图中创建VR灯光，具体位置如图3-149所示。

图3-148

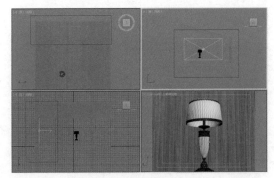

图3-149

4 选择上一步创建的VR灯光，使用【选择并移动】工具✛复制一盏。其具体位置如图3-150所示。

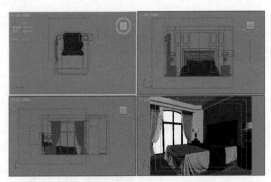

图3-150

2）射灯的设置

1 单击 ❖（创建）|　（灯光）| 光度学 ▾ | 目标灯光 按钮，如图3-151所示。在【左】视图中创建目标灯光，具体位置如图3-152所示。

图3-151

图3-152

2 选择上一步创建的目标灯光，展开【常规参数】卷展栏，在【阴影】选项组中选中【启用】复选框并设置为【VR-阴影】，设置【灯光分布（类型）】为【光度学Web】。展开【分布（光度学Web）】卷展栏，在通道上加载【射灯.IES】文件。展开【强度/颜色/衰减】卷展栏，设置【过滤颜色】为橙色，设置【强度】为cd和120000.0mm。展开【VRay阴影参数】卷展栏，选中【区域阴影】复选框，如图3-153所示。

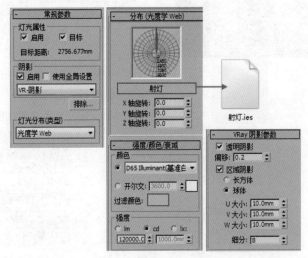

图3-153

3 选择上一步创建的目标灯光，使用【选择并移动】工具 ⊕ 复制1盏，不需要进行参数的调整。其具体位置如图3-154所示。

项组中设置【细分】为16，如图3-157所示。

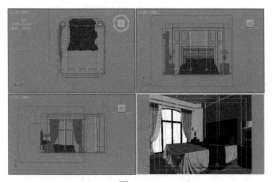

图3-154

3）辅助灯光的设置

1 单击 ■ （创建）| ◁ （灯光）| VRay ▼ | VR-灯光 按钮，如图3-155所示。在【前】视图中创建 VR灯光，具体位置如图3-156所示。

图3-155

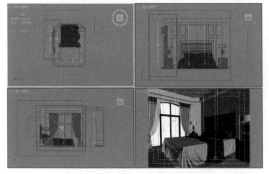

图3-156

2 选择上一步创建的VR灯光，在【常规】选项组中设置【类型】为【平面】，在【强度】选项组中调节【倍增】为20，调节【颜色】为深蓝色，在【大小】选项组中设置【1/2长】为1800.0mm、【1/2宽】为1600.0mm，在【选项】选项组中选中【不可见】复选框，在【采样】选

图3-157

3 单击 ■ （创建）| ◁ （灯光）| VRay ▼ | VR-灯光 按钮，如图3-158所示。在【左】视图中创建 VR灯光，具体位置如图3-159所示。

图3-158

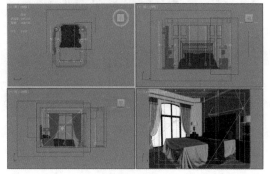

图3-159

4 选择上一步创建的VR灯光，在【常规】选项组中设置【类型】为【平面】，在【强度】选项组中调节【倍增】为3，调节【颜色】为蓝灰色，在【大小】选项组中设置【1/2长】为1800.0mm、【1/2宽】为1600.0mm，在【选项】选项组中选中【不可见】复选框，在【采样】选

项组中设置【细分】为16，如图3-160所示。

图3-160

3.设置摄影机

❶ 单击 (创建)｜ (摄影机)｜标准 ▾ ｜
目标 按钮，如图3-161所示。在【顶】视图中创建摄影机，具体的位置如图3-162所示。

图3-161

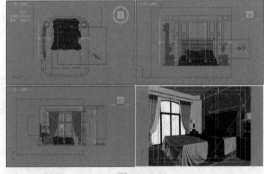

图3-162

❷ 选择上一步创建的目标摄影机，展开【参数】卷展栏，设置【镜头】为27.52、【视野】为66.375，设置【目标距离】为4476.266mm，如图3-163所示。

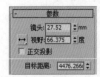

图3-163

❸ 选择上一步创建的目标摄影机并右击，在弹出的快捷菜中选择【应用摄影机校正修改器】命令。在【修改】命令面板中选择【摄影机校正】，展开【2点透视校正】卷展栏，设置【数量】为-1.39，如图3-164所示。

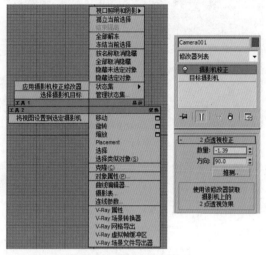

图3-164

4.设置成图渲染参数

❶ 按F10键，在打开的【渲染设置】对话框中重新设置渲染参数，选择【渲染器】为V-Ray Adv 3.00.08，选择【公用】选项卡，在【输出大小】选项组中设置【宽度】为2000、【高度】为1500，如图3-165所示。

图3-165

② 选择V-Ray选项卡，展开【帧缓冲区】卷展栏，取消选中【启用内置帧缓冲区】复选框。展开【全局开关［无名汉化］】卷展栏，选择【专家模式】，取消选中【置换】、【概率灯光】、【过滤GI】、【最大光线强度】复选框。展开【图像采样器（抗锯齿）】卷展栏，设置【最小着色速率】为1，选择【过滤器】为Catmull-Rom。展开【全局确定性蒙特卡洛】卷展栏，选中【时间独立】复选框。展开【颜色贴图】卷展栏，选择【专家模式】，设置【类型】为指数，【伽玛】为1.0，选中【子像素贴图】和【钳制输出】复选框，选择【模式】为【颜色贴图和伽玛】，如图3-166所示。

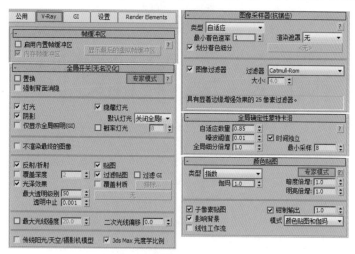

图3-166

③ 选择GI选项卡，展开【全局照明［无名汉化］】卷展栏，选中【启用全局照明（GI）】复选框，选择【专家模式】，设置【二次引擎】为【灯光缓存】。展开【发光图】卷展栏，选择【专家模式】，设置【当前预设】为【低】，选中【显示直接光】复选框，选择【显示新采样为亮度】。展开【灯光缓存】卷展栏，选择【专家模式】，设置【插值采样】为20，取消选中【折回】复选框，如图3-167所示。

④ 最终的渲染效果如图3-168所示。

图3-167   图3-168

第4章

商业空间设计

· 本章概述 ·

　　商业空间是人流量较大、功能复杂多样的空间类型。从广义来讲，商业空间是指与商业活动有关的所有空间；从狭义的角度来看，商业空间则是指可以实现商业交换、满足消费者所需、达成商品流通等商业活动的空间形态。商业空间设计根据功能需要，完成具有实用性与艺术性的室内设计内容，使商业空间呈现出不同的风格与特点，最终吸引消费者，获得盈利。本章主要从商业空间设计的概念、商业空间设计的常见类型、商业空间设计的内容与商业空间设计的原则四个方面进行介绍。

商业空间设计概述

商业空间是用于满足商家与顾客双方需求的空间环境，具有实现商品交换与货币流通的功能。商业空间设计就是针对具有商业用途的建筑空间进行结构、陈设、装饰物的改变与设计，通过装饰性元素的使用与科学合理的设计手段，设计出实用性与艺术感并存的商业环境。

4.1.1 什么是商业空间设计

商业空间设计是对商业空间进行建设或翻新的过程，包括对空间内部的装饰、建筑材料的选用、内墙的布置、空间布局等不同方面。多变的设计元素可以丰富商业空间的视觉效果，创造出多元化、多层次、风格多变的空间，为消费者提供舒适、惬意的购物环境，满足消费者与商家双方的需求，如图4-1所示。

图4-1

4.1.2 商业空间设计的常见类型

商业空间是具有展示性、服务性、休闲性、文化性等功能的场所。根据空间功能与性质的不同，大致可分为大堂、接待区、办公区、会议室、洽谈区、娱乐区、商品销售区、休息区、餐饮区、走廊、公共陈设区等不同类型。

大堂：大堂在功能上属于商业空间的中央区域，也是顾客对于空间第一印象所产生感受最直接的场所；大堂的装修风格与陈设在很大程度上决定了顾客对于场所的定位，一般银行、房地产公司、酒店、宾馆等场所都会设立大堂，如图4-2所示。

图4-2

接待区：接待区是负责迎接客户简单进行接待、问询、引见，并根据顾客情况进行后续引导工作的区域。包括接待前台、大堂接待区、独立的接待空间、办公接待区等，如图4-3所示。

图4-3

办公区：办公区是企业内部人员，包括一般工作人员与领导人员处理事务的室内工作环境，是提供工作办公的场所。办公区可分为开放式办公空间、单元型办公空间、独立办公室、会议室、高层管理者办公室等。办公区示例如图4-4所示。

图4-4

会议室：会议室是指用于开会的房间，具有召开会议、接待、组织活动等功能，如图4-5所示。

图4-5

洽谈区：洽谈区多用于安排企业与客户商谈或交流，在设计时需区别于其他办公区域；洽谈区需要一个宽阔明亮的环境，以使双方得到一个好的体验，如图4-6所示。

图4-6

娱乐区：娱乐区是设置在室内，如商场儿童娱乐区、俱乐部、台球室、娱乐室等，用于放松心情、缓解压力的休闲场所，如图4-7所示。

图4-7

商品销售区：商品销售区是商品陈列、展示以及售出的空间；商品销售区存在多种形式的展示媒介，例如柜台、货架、展架、展示墙、橱窗等，其目的是便于消费者浏览、挑选以及购买。商品销售区示例如图4-8所示。

图4-8

休息区：休息区是商业空间中不可或缺的重要配套区域，有利于吸引客流，增加消费者在商业空间的停留时间，如图4-9所示。

图4-9

餐饮区：餐饮区既是满足顾客的饮食需求的场所，也是为人们提供享受美食与生活的场所。餐饮是餐饮区最基本的功能；除此之外，休闲娱乐也是其重要范围，包括表演、背景墙、音乐等要素；以及各种聚会、宴会、活动、交流等。餐饮区示例如图4-10所示。

图4-10

走廊：走廊是通行区域的一种，是商业空间各个区域联系的重要纽带。走廊的设计往往会带给人们不同的环境体验，如图4-11所示。

图4-11

公共陈设区：公共陈设区是指开放的，人们共享、共有的活动区域范围，例如大堂、休息区、餐厅、洗手间、走廊、电梯等不同区域，如图4-12所示。

图4-12

4.1.3 商业空间设计的内容

商业空间设计由于功能、用途、风格、位置、面向群体的不同，呈现出多元化的空间环境。商业空间主要包括以下几个方面的设计内容。

设计：商业空间通过视觉传达向消费者传递信息，在明确设计要求的基础上对商业空间的设计进行构思。色彩是最直接且最易带给消费者视觉与心理感知的元素，合理地把握色彩与空间风格，创造出独具特色的空间环境，可以更好地吸引消费者目光，如图4-13所示。

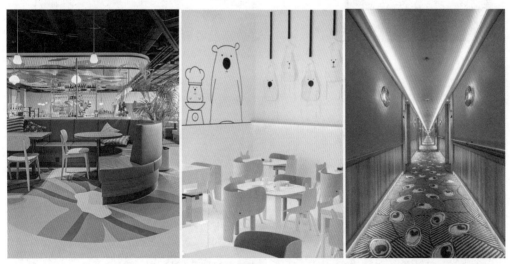

图4-13

功能分区：功能分区是商业空间的核心，商业空间的功能布局是直接影响经济效益与商家形象的重要因素。合理的功能分区可以发挥出最大的作用，做到提高经济利益的同时，满足消费者需求，以吸引消费者停留。功能分区示例如图4-14所示。

图4-14

　　动线：动线的安排与如何引导消费者进入空间、方便顾客查看购买商品、避免死角、安全疏散人群等问题相关联。合理、流畅、安全的动线安排，可以带领消费者更好地了解、深入商业空间内部，从而留下良好的购物体验，如图4-15所示。

图4-15

　　空间组合：空间组合的主要方式有顺墙式、放射式、自由式、隔墙式与开放式等。通过不同的空间分离方式改变空间之间的密度，创造空间的视觉美感，营造不同的环境氛围，如图4-16所示。

图4-16

　　展示陈列：商业空间中产品的陈列方式、背景色彩、展示载体的材质以及其他装饰性元素的布局都会影响产品的美感，如图4-17所示。

图4-17

照明：商业空间中的采光与照明也是重要的设计内容。内部空间的采光需要根据商品的特点进行设计，避免自然光照对产品产生影响。灯光具有照明、装饰与引导等作用，合理的灯光可以营造氛围与意境，提升空间的美感，如图4-18所示。

图4-18

装饰材料：装饰材料的选择是商业空间设计中的重要部分，石材、木材、金属、陶瓷、布料、墙纸、墙布等不同材料的表面质感与触感各有不同，能够为空间带来不同的效果，如图4-19所示。

图4-19

4.1.4 商业空间设计的原则

　　商业空间设计需要满足商家与消费者双方的需求，对于空间结构、布局、动线、材料、色彩、照明、陈设等进行合理调配，合理把握空间的氛围意境、带给消费者的心理与视觉体验以及空间美感等方面内容。在进行商业空间设计时须遵循以下几个原则。

　　实用性： 满足使用功能是商业空间设计的最基本的要求，商业空间设计最终是为商业活动服务的，因此设计时首先应满足空间的功能需求。

　　艺术性： 商业空间不仅要满足消费者的使用需求，同时还要注重空间的视觉美感与消费者的心理感受。通过对空间氛围、色彩、光照、装饰材质等方面的把握，塑造商业空间的艺术美感，创造惬意、舒适的商业环境。

　　科学性： 一方面，商业空间设计应根据时代的变化，积极运用新材料、新技术；另一方面，空间的功能布局与划分、动线、结构、材料以及各种物理环境的创造应科学、合理。

　　地域性： 不同国家、地区、民族的喜好与禁忌不同，因此，不同地域的商业环境在空间色彩、材质、风格上应突出地域特点，如图4-20所示。

图4-20

4.2 别墅客厅商业空间设计实战

设计思路

案例类型：

　　本案例是午后的别墅客厅展示陈列设计，作品如图4-21所示。

图4-21

项目诉求：

　　本案例为午后的现代风格别墅客厅展示陈列设计，通透的落地窗与多个窗户设计使室外的日光充分照射空间，打造明亮、温馨、惬意的休息空间，如图4-22所示。

图4-22

设计定位：

落地窗与分割的窗户一方面使日光充分进入室内；另一方面增加空间线条，空间中圆几、茶几与挂画、落地灯、转椅等陈设的边缘线条明显，展现出现代风格的线条感，形成通透、简单、明亮的效果。木质地板与墙角盆栽同室外的大片绿植形成呼应，整个空间萦绕着自然的生命气息，如图4-23所示。

图4-23

配色方案

本案例强调气氛的塑造与线条感的打造，空间中地毯、挂画、窗格、茶几等陈设均呈现出方正的几何形状，力求简洁、工整。运用白色、棕色、米黄色、灰色等进行组合，追求自然与简约美，并利用自然光提升家居空间的温馨感。

主色：

本案例以白色与棕色为主色，深色的地毯与明亮的白色墙面形成轻盈与厚重的搭配，打造平稳、安心的休闲空间，如图4-24所示。

图4-24

辅助色：

客厅空间中白色墙面与棕色地毯的搭配形成上轻下重的效果，使得空间整齐、平稳的同时有些中规中矩、沉闷。因此利用米黄色与灰色改变空间明度。米黄色沙发摆放于墙面与地面的"分界"处，中和了白色的轻与咖色的沉，形成雅致、柔和的感受。金属质地的茶几台脚与窗框赋予空间鲜明的个性感。主色与辅助色的对比效果如图4-25所示。

图4-25

点缀色：

选用墨绿色作为点缀色，既为空间添色，同时与户外绿化形成呼应，使空间更加通透、清爽。主色、辅助色与点缀色的对比效果如图4-26所示。

图4-26

空间布局

该作品主要采用"单侧"布局的布局方式。沙发、转椅、盆栽等偏向于落地窗一侧进行摆放，一方面形成工整、有序的摆放效果；另一方面在落座时，透过落地窗的阳光使空间更加温暖、明亮，为住户提供舒适的休憩空间。图4-27和图4-28所示为空间【顶】视图和【前】视图的相对对称布局。

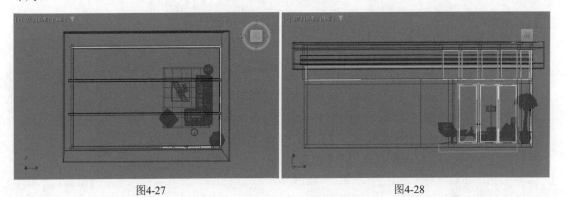

图4-27   图4-28

项目实战

本案例是一个阳光落满室内的午后别墅客厅，暖色的大面积使用与绿植的呼应，打造悠闲、宜人的居住环境。别墅客厅的多种材质质感主要使用VRayMtl材质、【VR-颜色】程序贴图、【衰减】程序贴图、【平铺】程序贴图、【混合】材质、【VR-灯光材质】材质来制作，使用VR太阳模拟日光效果，使用VR灯光模拟辅助灯光。

操作步骤

1. 材质的制作

1）乳胶漆材质的制作

❶ 打开本书场景文件，如图4-29所示。

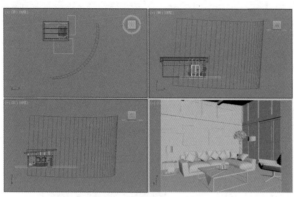

图4-29

❷ 按M键打开【材质编辑器】对话框，选择一个空白材质球，单击 Standard 按钮，在弹出的【材质/贴图浏览器】对话框中选择VRayMtl材质，如图4-30所示。

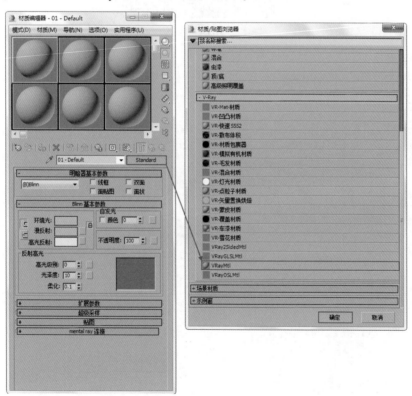

图4-30

❸ 将材质命名为【乳胶漆】，在【漫反射】后面的通道上加载【VR-颜色】程序贴图。展开【VRay颜色参数】卷展栏，设置【红】为0.899、【绿】为0.875、【蓝】为0.82。选择【伽玛校正】卷展栏下的【伽玛校正】为【指定】。取消选中【菲涅尔反射】复选框，如图4-31所示。

图4-31

④ 将调节完成的【乳胶漆】材质赋予场景中的墙体模型，如图4-32所示。

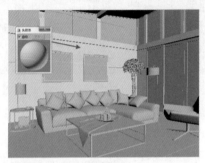

图4-32

2）沙发材质的制作

❶ 选择一个空白材质球，单击 Standard 按钮，在弹出的【材质/贴图浏览器】对话框中选择VRayMtl材质，如图4-33所示。

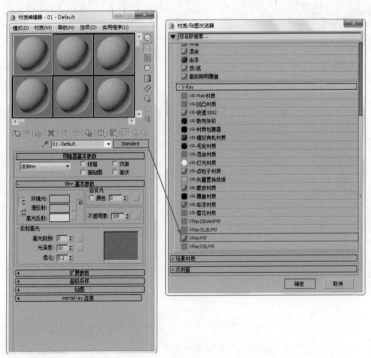

图4-33

② 将材质命名为【沙发】，在【漫反射】选项组中加载【衰减】程序贴图，分别在两个颜色后面的通道加载【43806 副本2daaadaa1.jpg】和【43806 副本2daaadaa2.jpg】贴图文件。展开【混合曲线】卷展栏，调节曲线样式。取消选中【菲涅尔反射】复选框，如图4-34所示。

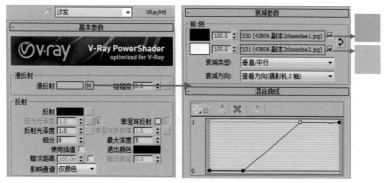

图4-34

③ 选择沙发模型，为其加载【UVW贴图】修改器，设置【贴图】方式为【长方体】，设置【长度】、【宽度】和【高度】均为600.0mm，设置【对齐】为Z，如图4-35所示。

图4-35

④ 将调节完成的【沙发】材质赋予场景中的沙发模型，如图4-36所示。

图4-36

3）木地板材质的制作

❶ 选择一个空白材质球，单击 [Standard] 按钮，在弹出的【材质/贴图浏览器】对话框中选择VRayMtl
材质，如图4-37所示。

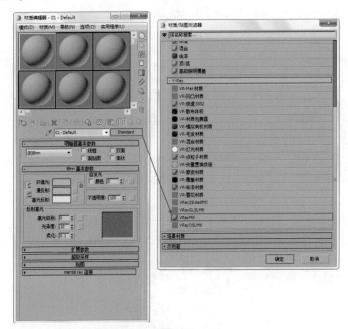

图4-37

❷ 将材质命名为【木地板】，在【漫反射】选项组中加载【平铺】程序贴图，选择【预设类型】为
【自定义平铺】，在【高级控制】卷展栏下，在【纹理】后面的通道上加载【木纹地板.jpg】贴图文
件，设置【水平数】为3、【垂直数】为8、【颜色变化】为0.1、【淡出变化】为13452，在【堆垛
布局】选项组中设置【线性移动】和【随机移动】均为0.2。单击【高光光泽度】后面的 L 按钮，调
整其数值为0.85，设置【反射光泽度】为0.86、【细分】为10，取消选中【菲涅耳反射】复选框。在
【折射】选项组中设置【折射率】为2.0，如图4-38所示。

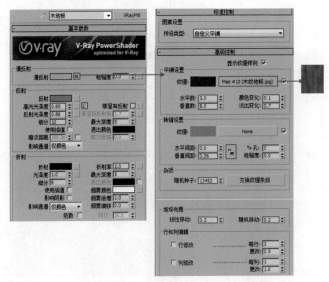

图4-38

❸ 展开【贴图】卷展栏，将【漫反射】后面的贴图拖曳到【凹凸】的贴图通道上，设置【方式】为
【复制】，设置【凹凸】为80.0。展开【反射插值】卷展栏，设置【最小速率】为-3、【最大速率】
为0。展开【折射插值】卷展栏，设置【最小速率】为-3、【最大速率】为0，如图4-39所示。

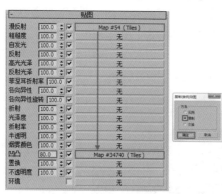
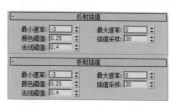

图4-39

❹ 将调节完成的【木地板】材质赋予场景中的地板模型，如图4-40所示。

图4-40

4）地毯材质的制作

❶ 选择一个空白材质球，单击 Standard 按钮，在弹出的【材质/贴图浏览器】对话框中选择【混合】
材质，选中【丢弃旧材质】单选按钮，如图4-41所示。

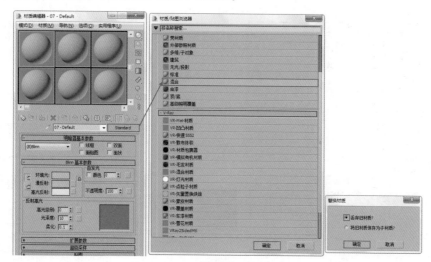

图4-41

❷ 将材质命名为【地毯】，在【材质1】后面的通道加载VRayMtl材质，在【漫反射】选项组中加载【衰减】程序贴图，在黑色后面的通道上加载【43806 副本.jpg】贴图文件，在【输出】卷展栏下选中【启用颜色贴图】复选框，单击【移动】按钮，调整下方的数值为0.875。在白色后面的通道上加载【43806 副本.jpg】贴图文件，在【输出】卷展栏下选中【启用颜色贴图】复选框，单击【移动】按钮，调整下方的数值为0.732。回到衰减参数的界面，在【输出】卷展栏下选中【启用颜色贴图】复选框，单击【移动】按钮，调整下方的数值为0.837。返回到【基本参数】卷展栏，在【反射】选项组中取消选中【菲涅耳反射】复选框，如图4-42所示。

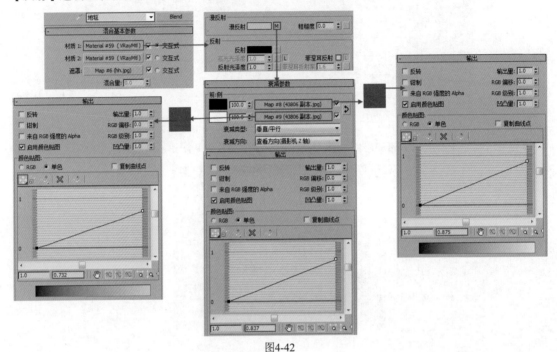

图4-42

❸ 展开【贴图】卷展栏，在【凹凸】后面的贴图通道上加载【Arch30_towelbump5.jpg】贴图文件，在【坐标】卷展栏下设置【瓷砖】的U和V均为1.5、【角度】的W为45.0，设置【凹凸】为44.0，如图4-43所示。

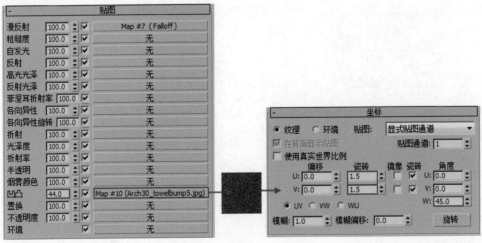

图4-43

4 返回到【混合基本参数】卷展栏中,在【材质2】后面的通道加载VRayMtl材质,在【漫反射】选项组中加载【衰减】程序贴图,在黑色后面的通道上加载【43806 副本.jpg】贴图文件,在【输出】卷展栏下选中【启用颜色贴图】复选框,单击【移动】按钮 ,调整下方的数值为0.597。在白色后面的通道上加载【43806 副本.jpg】贴图文件,在【输出】卷展栏下选中【启用颜色贴图】复选框,单击【移动】按钮 ,调整下方的数值为0.453。回到衰减参数的界面,在【输出】卷展栏下选中【启用颜色贴图】复选框,单击【移动】按钮 ,调整下方的数值为0.607。返回【基本参数】卷展栏,在【反射】选项组中取消选中【菲涅耳反射】复选框,如图4-44所示。

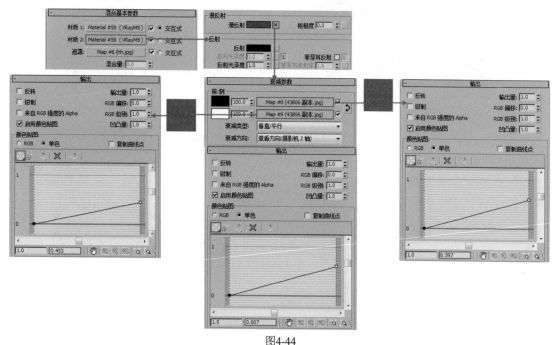

图4-44

5 展开【贴图】卷展栏,在【凹凸】后面的贴图通道上加载【Arch30_towelbump5.jpg】贴图文件,在【坐标】卷展栏下设置【瓷砖】的U和V均为1.5、【角度】的W为45.0,设置【凹凸】为20.0,如图4-45所示。

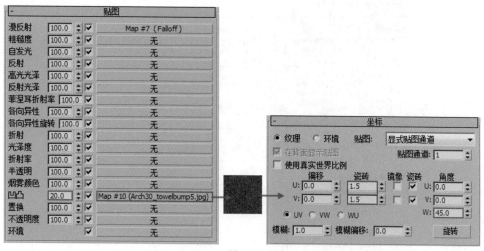

图4-45

⑥ 返回到【混合基本参数】卷展栏下，在【遮罩】后面的通道加载【hh.jpg】贴图文件，设置【瓷砖】的U为0.8、V为0.6，如图4-46所示。

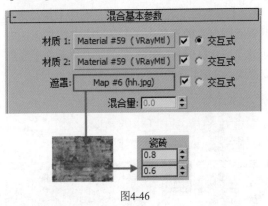

图4-47

图4-46

⑦ 选择地毯模型，为其加载【UVW贴图】修改器，设置【贴图】方式为【长方体】，设置【长度】、【宽度】和【高度】均为600.0mm，设置【对齐】为Z，如图4-47所示。

⑧ 将调节完成的【地毯】材质赋予场景中的地毯模型，如图4-48所示。

图4-48

5）挂画材质的制作

① 选择一个空白材质球，单击 Standard 按钮，在弹出的【材质/贴图浏览器】对话框中选择VRayMtl材质，如图4-49所示。

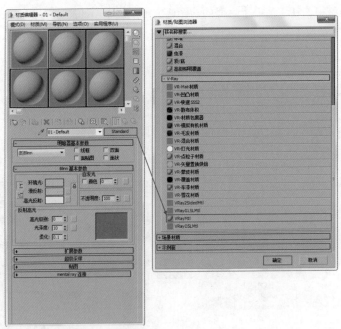

图4-49

② 将材质命名为【挂画】，在【漫反射】选项组中加载【雪景.jpg】贴图文件，取消选中【菲涅耳反射】复选框，如图4-50所示。

图4-50

③ 将调节完成的【挂画】材质赋予场景中的挂画模型，如图4-51所示。

图4-51

6）窗外背景材质的制作

① 选择一个空白材质球，单击 Standard 按钮，在弹出的【材质/贴图浏览器】对话框中选择【VR-灯光材质】材质，如图4-52所示。

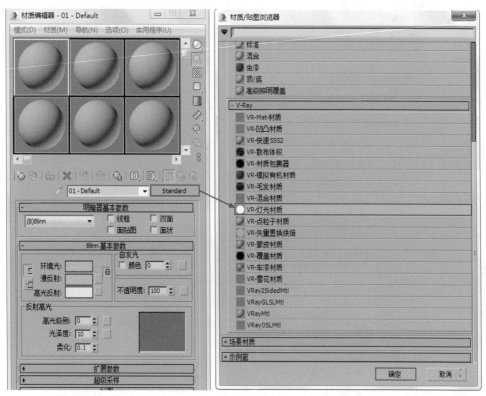

图4-52

② 将材质命名为【窗外背景】，在【颜色】后面的通道上加载【外景.tif】贴图文件，设置数值为5，如图4-53所示。

③ 将调节完成的【窗外背景】材质赋予场景中的模型，如图4-54所示。

图4-53

图4-54

2. 设置灯光并进行草图渲染

1）太阳光的设置

❶ 单击 ▣（创建）|☀（灯光）| VRay ▾ | VR-太阳 按钮，如图4-55所示。

图4-55

❷ 拖曳，在【左】视图中创建一盏【VR-太阳】，如图4-56所示。在弹出的【VRay 太阳】对话框中单击【是】按钮，如图4-57所示。

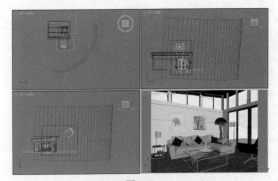

图4-56

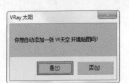

图4-57

❸ 选择上一步创建的VR太阳灯光，在【VRay太阳参数】卷展栏中设置【臭氧】为1.0、【强度倍增】为0.09、【大小倍增】为2.0、【阴影细分】为10、【光子发射半径】为500.0mm，如图4-58所示。

VRay 太阳参数	
启用	✔
不可见	
影响漫反射	✔
影响高光	✔
投射大气阴影	✔
浊度	3.0
臭氧	1.0
强度倍增	0.09
大小倍增	2.0
过滤颜色	
颜色模式	过滤
阴影细分	10
阴影偏移	0.2mm
光子发射半径	500.0n
天空模型	Preetham et
间接水平照明	25000.
排除...	

图4-58

2）辅助灯光的设置

❶ 单击 ▣（创建）|☀（灯光）| VRay ▾ | VR-灯光 按钮，如图4-59所示。在【前】视图中创建VR灯光，具体位置如图4-60所示。

图4-59

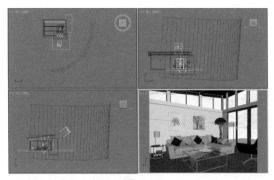

图4-60

② 选择上一步创建的VR灯光，在【常规】选项组中设置【类型】为【平面】，在【强度】选项组中调节【倍增】为8.0，调节【颜色】为淡紫色，在【大小】选项组中设置【1/2长】为230.0mm、【1/2宽】为160.0mm，在【选项】选项组中选中【不可见】复选框，在【采样】选项组中设置【细分】为20，如图4-61所示。

图4-61

③ 单击 █ （创建）| █ （灯光）| VRay | VR-灯光 按钮，如图4-62所示。在【左】视图中创建VR灯光，具体位置如图4-63所示。

图4-62

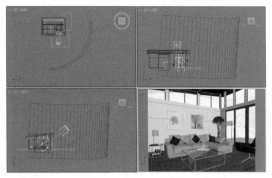

图4-63

④ 选择上一步创建的VR灯光，在【常规】选项组中设置【类型】为【平面】，在【强度】选项组中调节【倍增】为4.0，调节【颜色】为白色，在【大小】选项组中设置【1/2长】为230.0mm、【1/2宽】为160.0mm，在【选项】选项组中选中【不可见】复选框，在【采样】选项组中设置【细分】为20，如图4-64所示。

图4-64

3.设置摄影机

① 单击 █ （创建）| █ （摄影机）| 标准 | 目标 按钮，如图4-65所示。在【顶】视图中创建摄影机，具体位置如图4-66所示。

图4-65

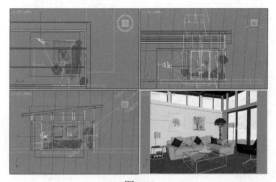

图4-66

2 选择上一步创建的目标摄影机，展开【参数】卷展栏，设置【镜头】为29.047、【视野】为63.573，设置【目标距离】为1.0mm，如图4-67所示。

图4-67

4. 设置成图渲染参数

1 按F10键，在打开的【渲染设置】对话框中重新设置渲染参数，选择【渲染器】为V-Ray Adv 3.00.08，选择【公用】选项卡，在【输出大小】选项组中设置【宽度】为2000、【高度】为1500，如图4-68所示。

图4-68

2 选择V-Ray选项卡，展开【帧缓冲区】卷展栏，取消选中【启用内置帧缓冲区】复选框。展开【全局开关［无名汉化］】卷展栏，选择【专家模式】，取消选中【概率灯光】、【最大光线强度】复选框。展开【图像采样器（抗锯齿）】卷展栏，设置【最小着色速率】为1，选择【过滤器】为Catmull-Rom。展开【全局确定性蒙特卡洛】卷展栏，选中【时间独立】复选框。展开【环境】卷展栏，选中【全局照明（GI）环境】复选框。展开【颜色贴图】卷展栏，选择【专家模式】，设置【类型】为【指数】、【伽玛】为1.0，选中【子像素贴图】、【钳制输出】复选框，选择【模式】为【颜色贴图和伽玛】，如图4-69所示。

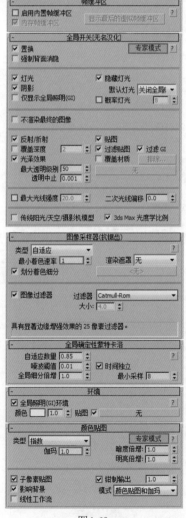

图4-69

第**5**章

室外设计

· **本章概述** ·

　　室外设计主要是由建筑设计、公共艺术设计、景观设计、照明设计、场地设计等内容组成的。它以建筑学为基础，对建筑室外环境的氛围加以塑造与改变，注重整体场地与局部细节的关系，合理规划场地、建筑、照明、绿化以及公共设施之间的关系。本章主要从室外设计的概念、室外设计的常见类型、室外设计的内容与室外设计的原则四个方面进行介绍。

5.1 室外设计概述

室外设计是指对于包括建筑外部的生活空间、工商业空间、娱乐空间以及其他的公共空间在内的室外环境的设计。满足人们生活、居住、出行、运输、观赏、休息、娱乐等需求的同时也要注重对环境与资源的利用，为人们提供安心、轻松、愉快的空间环境。

5.1.1 什么是室外设计

室外设计包括除室内设计之外所有室外环境的设计内容，包含建筑设计、园林设计、景观设计以及城市设计等部分。在进行设计时，需要考虑建筑物、场地、装修材料与环境绿化等的关系，使装修设计与室外空间环境融为一体，创造舒适、宜人的室外环境，如图5-1所示。

图5-1

5.1.2 室外设计的常见类型

室外设计，又称风景或景观设计，主要涉及建筑、园林、庭院、街道、公园、广场、道路、桥梁、河边、绿地等一系列建筑外部的生活区、工商业区、娱乐区等室外空间的设计。室外空间的设计应与相关的建筑设计和室内设计相呼应，形成和谐、协调的空间环境。

建筑设计：建筑设计的内容包括建筑所处位置的交通环境、功能分区、结构、装修材料、建筑外形、色彩、风格、水电等与空间环境的关系，科学地考虑建筑对于环境的影响，如图5-2所示。

图5-2

园林设计：园林设计是在固定的区域内，使用园林艺术和工程技术手段改变区域内的地形，例如假山、小溪等，并增加人工种植的花草树木，创造出建筑与自然环境融合的室外环境，如图5-3所示。

图5-3

庭院设计：庭院设计借助景观设计规划的手法，优化庭院环境，使庭院与建筑、室内装修风格、周边环境更加协调、和谐，如图5-4所示。

图5-4

街道设计：街道设计的基本要求是满足交通、居住、照明等需求，妥善处理好人车、生活、环境开发间的关系，强调空间内的景观识别性与环境绿化，如图5-5所示。

图5-5

公园设计：公园的规划、造景等设计需要满足人们游憩、观赏、休息、环保等方面的要求，全面考虑公园的性质、规模、空间布局、位置等问题。公园造景包括植物、水体、山石、建筑等元素，以及适宜的活动设备与景观小品等，如图5-6所示。

图5-6

广场设计：广场作为现代生活休闲空间的一部分，是为居民提供多种活动与休息的区域。广场设计包括空间规划、功能分区、人流集散、地面铺装、地势水体、绿化造景等方面的内容，如图5-7所示。

图5-7

道路设计：道路设计需要充分考虑城市规划、经济条件、道路交通量、道路平面与横断面，以及各种附属设施与两侧用地、建筑、管道、工程、景观等方面内容，使道路网与建筑、用地布局、景观、环境、民众需求、运输等各方面形成协调、合理的关联，如图5-8所示。

图5-8

　　桥梁设计： 桥梁设计主要指梁体自重、铺装、栏杆、管线等方面内容，在保障桥梁的实用功能的同时创造艺术美感，如图5-9所示。

图5-9

　　绿地生态设计： 绿地生态设计应考虑地域特点，在不破坏环境的前提下合理利用自然资源。主要涉及水文、气候、地形地貌、植被、野生动物等生态环节，形成自然与人文空间的协调相处，如图5-10所示。

图5-10

　　滨水区设计： 滨水区设计包括水运、防洪、水域生态环境、水体水质、滨水区景观、休息观赏功能等方面内容，打造出功能完善的公共空间，满足人们多样化的需求，如图5-11所示。

图5-11

5.1.3 室外设计的内容

　　室外设计针对建筑空间、场地、地面铺装、环境绿化、照明、公共艺术、装修材料、整体色彩等方面内容进行设计，通过不同空间的功能与定位，确定空间环境的风格与氛围的创造，合理把握空间色彩、造型、布局划分、绿化、氛围的搭配。

　　场地设计： 由于建筑所处位置与使用功能的不同，其所在的外部场地也就存在不同的功能。例如公共活动场地主要为人们提供交流、集聚、休息等功能；居住区周围的场地则是便于人们散步、休息以及儿童活动的区域，如图5-12所示。

图5-12

　　铺装设计： 广场、道路、公园、园林、街道等众多室外空间都包含了铺装设计的内容。地面铺装的造型、材料、色彩都会影响道路与环境空间的视觉美感，如图5-13所示。

图5-13

　　环境绿化： 在室外环境中存在最多的元素便是植物，它是室外空间最好的装饰品，生机勃发、色彩鲜艳的植物可以创造出惬意、宜人、清新的室外环境，主要包括藤蔓植物、草丛、矮树、花科植物等，如图5-14所示。

图5-14

照明设计：室外空间照明应注重灯光对人们生活作息以及环境的影响。住宅小区及周边照明多选择柔和低色温灯具，注重居民感受；园林选用外形精美的灯具，营造夜景氛围，同时提升环境视觉效果；道路等照明则着重于出行安全性，使用暖色温灯罩，避免投射灯光直射人眼，如图5-15所示。

图5-15

室外家具选择：由于室外的露天环境受天气影响较大，因此室外陈设的家具多选用防水、防晒、防尘、防霉、不易褪色变形的材质，例如木材、藤编、布艺等材质，如图5-16所示。

图5-16

公共艺术设计：公共艺术设计主要是针对开放性的公共空间内的艺术设计内容，包括雕塑、陶艺、景观小品、空间形态造型艺术等，如图5-17所示。

图5-17

装饰设计：主要针对建筑外围的墙面、门窗、室外入口、台阶等装饰构件进行布置与设计，如图5-18所示。

图5-18

色彩设计：合理的色彩运用可以让室外环境空间更加符合大众审美需求，提升空间的艺术感染力，如图5-19所示。

图5-19

装修材料：装修材料的选择是室外设计中的重要部分。石材、木材、金属、陶瓷、布料等不同材料的表面质感与触感各有不同，能够为空间带来不同的效果。根据环境的需求，室外装修材料多使用鹅卵石、青石板、防腐木等自然材料，使整体效果与自然融为一体，营造清新、自然的氛围，如图5-20所示。

图5-20

室外排水及消防安全：出于聚会、烧烤等室外活动的需要，妥善安排好插座、排水系统可以更加方便生活活动，同时良好的排水、消防系统有利于处理突发的天气与管道损坏等问题。

5.1.4 室外设计的原则

室外设计需要满足人们使用、休憩、交通、观赏等方面的需求，对于室外空间结构、布局、交通动线、铺装、色彩、照明、陈设等进行合理调配，合理把握空间的氛围意境、视觉体验以及空间美感等方面内容。在进行室外设计时须遵循以下几个原则。

实用性：室外空间根据空间使用功能的不同进行划分，满足空间的使用功能是室外设计的最基本的要求。在处理好道路、空间划分、水景、铺装、照明、小品以及公共设施的搭配之上进行局部细节处理，使空间满足实用功能的同时为人们带来视觉与心理的双重享受。

整体性：室外设计需要呼应建筑与空间的整体设计风格与主题，使空间中的硬质景观与软质景观相呼应，搭配协调。

地域性：室外设计要反映出独特的地域特点与自然特色。不同地区的自然区域、地质地貌、水文、文化各有不同，只有充分把握不同地区的独特之处，才能打造出充满地区特色的室外空间环境。

科学性：室外设计应选择当地常见的建筑用材，既体现了当地的资源特色，又降低了经济成本，如图5-21所示。

图5-21

5.2 室外雪景景观设计实战

案例类型：

本案例是冬季室外雪景景观设计，作品如图5-22所示。

图5-22

项目诉求：

本案例是落雪的室外雪景景观设计，空中飞落的雪花、白雪皑皑的山峰与冻结的河流共同诉说着冬季的安静与苍白，如图5-23所示。

图5-23

设计定位:

　　作品中满目的白雪、挂满雪花的树木、稀疏的木质栅栏共同描绘出了安静、平淡的生活画面,清爽冰凉的视觉感受非常明显。肆意奔跑嬉戏的少年,让冰凉的画面有了活力,点缀出一个有故事、有人情味儿的场景,仿佛在描绘着一个令人难忘美好的冬季,如图5-24所示。

图5-24

配色方案

　　本案例强调冬季雪景空旷、安静、冰冷的特点与鲜活、欢乐气氛的营造,采用白色、灰蓝色、黑灰色、亚麻黄色等中明度与中纯度色彩进行搭配。本案例的制作难点在于画面明暗度的把握,避免一切都是白茫茫。

主色:

　　本案例以亮灰色为主色,白色的雪地在朦胧的雪景中呈现为亮灰色,形成安静、空旷、雾蒙蒙的效果,如图5-25所示。

图5-25

辅助色:

　　白雪覆盖的山脚使整片空间呈现出白茫茫的效果,阴面山峰与被日光照射的区域形成明暗交界的不同。淡蓝色天空与阴影中的灰蓝色山峰形成纯度不同的同类色对比,合理调配了空间中的明暗度变化。主色与辅助色的对比效果如图5-26所示。

图5-26

点缀色：

选用黑灰色与亚麻黄色作为点缀色，描绘衰落的树木与木制小屋以及栅栏，既与雪景形成冷暖对比，同时烘托冬季的寂静。主色、辅助色与点缀色的对比效果如图5-27所示。

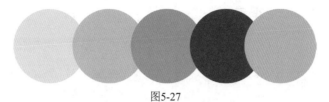

图5-27

空间布局

该作品是冬季雪景景观设计。背景中的山脉与树木等呈现出自由、错落的分布，使整个环境呈现空旷、安静的效果，奔跑、嬉戏的少年使环境氛围更加鲜活，使自由、欢快的气息充斥着空间，整个画面具有极强的感染力，如图5-28所示。

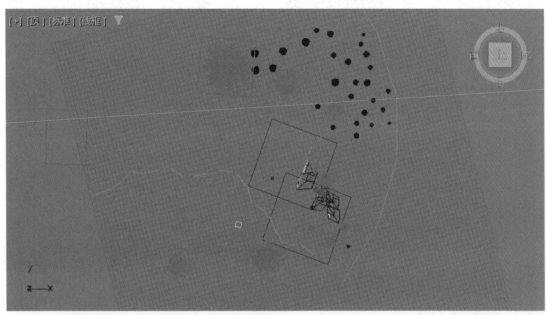

图5-28

项目实战

本案例是冬季户外环境的景观设计项目，白雪覆盖的地面、山峰与飘雪的天空，使整个空间充满冰凉、安静的感觉。雪景背景主要使用VRayMtl材质、标准材质、【混合】材质、顶/底材质来制作，使用VR-灯光模拟雪景表现。

操作步骤

1. 设置VRay渲染器

❶ 打开本书场景文件，如图5-29所示。

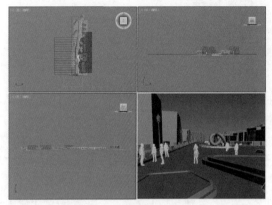

图5-29

❷ 按F10键，打开【渲染设置】对话框，设置【渲染器】为V-Ray Adv 3.00.08，如图5-30所示。

图5-30

❸ 此时在【指定渲染器】卷展栏，【产品级】后面显示了V-Ray，【渲染设置】对话框中出现了V-Ray、GI、【设置】、Render Elements选项卡，如图5-31所示。

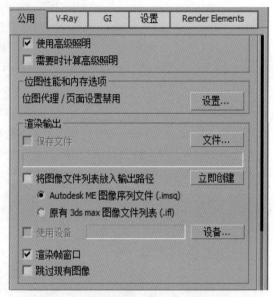

图5-31

2. 材质的制作

下面介绍场景中主要材质的调节方法，包括雪地、木屋、背景、栅栏、松树、人物、雪花、玻璃等。效果如图5-32所示。

图5-32

1）雪地材质的制作

❶ 单击一个材质球，将材质类型设置为VRayMtl，将其命名为【雪地】，在【漫反射】通道上加载【地面贴图黑白_o.jpg】贴图文件，设置【模糊】为0.01，如图5-33所示。

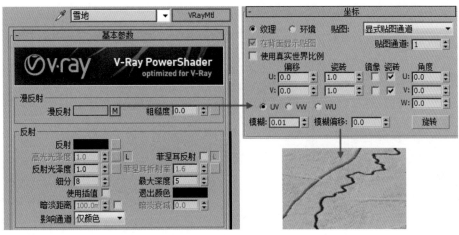

图5-33

❷ 将调节完成的【雪地】材质赋予场景中的模型，如图5-34所示。

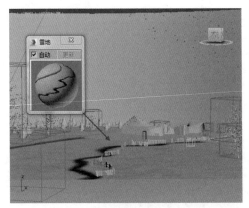

图5-34

❸ 选择地面模型，切换到【修改】命令面板，为其添加【置换】修改器，设置【强度】为41.65mm，在【位图】通道上加载【地面贴图黑白_o.jpg】贴图文件，如图5-35所示。

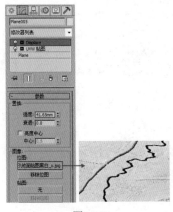

图5-35

❹ 此时的地面产生了凹凸起伏效果，如图5-36所示。

图5-36

2）木屋材质的制作

❶ 单击一个材质球，将材质类型设置为VRayMtl，将其命名为【木屋】，在【漫反射】通道上加载贴图文件，在【凹凸】通道上加载贴图文件，如图5-37所示。

❷ 将调节完成的【木屋】材质赋予场景中的模型，如图5-38所示。

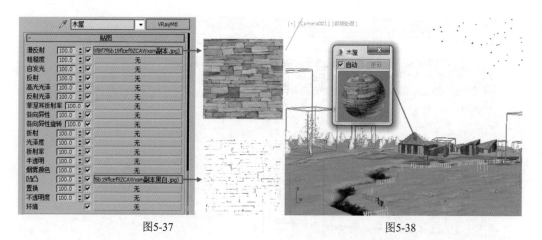

图5-37   图5-38

3）背景材质的制作

❶ 单击一个材质球，将材质类型设置为【VR-灯光材质】，将其命名为【背景】，设置强度为1.3，在后面的通道上加载【2471295_094111032_2(1).jpg】贴图文件，选中【应用】复选框，单击【查看图像】按钮，选择红色区域内的部分，如图5-39所示。

图5-39

❷ 将调节完成的【背景】材质赋予场景中的模型，如图5-40所示。

图5-40

4）栅栏材质的制作

❶ 单击一个材质球，将材质类型设置为

VRayMtl，将其命名为【栅栏】，在【漫反射】通道上加载【20110403051014828989.jpg】贴图文件，设置【反射光泽度】为0.86、【细分】为18，如图5-41所示。

图5-41

❷ 将调节完成的【栅栏】材质赋予场景中的模型，如图5-42所示。

图5-42

5）松树材质的制作

❶ 单击一个材质球，将材质类型设置为【顶/底】，将其命名为【松树】，设置【混合】为1、【位置】为74，在【顶材质】通道上加载【标准】材质，设置【漫反射】颜色为白色，如图5-43所示。

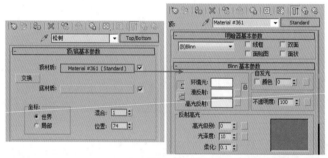

图5-43

❷ 在【底材质】通道上加载【标准】材质，在【漫反射颜色】和【凹凸】通道上加载【10317956_232029368137_2.jpg】贴图文件，选中【应用】复选框，单击【查看图像】按钮，选择红色区域内的部分，如图5-44所示。

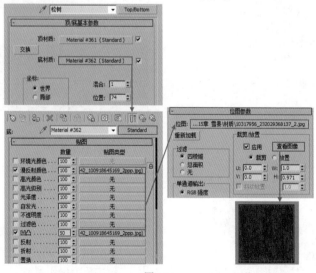

图5-44

❸ 将调节完成的【松树】材质赋予场景中的模型，如图5-45所示。

图5-45

6）人物材质的制作

❶ 单击一个材质球，将材质类型设置为【标准】，将其命名为【人物】，设置明暗器类型为Phong，选中【双面】复选框，在【漫反射】通道上加载【20110809040105984664.tif】贴图文件，设置【高光级别】为0、【光泽度】为54，如图5-46所示。

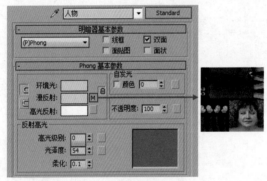

图5-46

❷ 将调节完成的【人物】材质赋予场景中的模型，如图5-47所示。

图5-47

7）雪花材质的制作

❶ 单击一个材质球，将材质类型设置为【标准】，将其命名为【雪花】，设置【漫反射】颜色为白色，选中【自发光】选项组中的【颜色】复选框，并设置为白色，如图5-48所示。

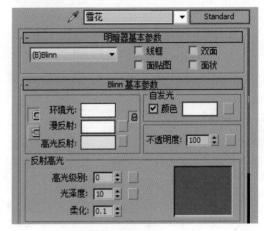

图5-48

❷ 将调节完成的【雪花】材质赋予场景中的模型，如图5-49所示。

图5-49

8）玻璃材质的制作

❶ 单击一个材质球，将材质类型设置为【混合】，将其命名为【玻璃】。在【材质1】后面的通道上加载VRayMtl材质，在【漫反射颜色】和【凹凸】通道上分别加载【玻璃副本.jpg】和【玻璃.jpg】贴图文件，选中【应用】复选框，单击【查看图像】按钮，选择红色区域内的部分，如图5-50所示。

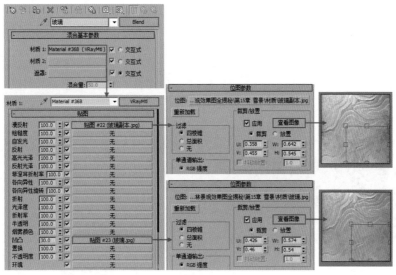

图5-50

② 在【材质2】后面的通道上加载VRayMtl材质，设置【漫反射】颜色为白色、【反射】颜色为浅灰色、【折射】颜色为白色、【折射率】为1.5，如图5-51所示。

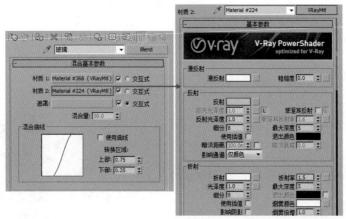

图5-51

③ 在【遮罩】通道上加载【玻璃黑白.jpg】贴图文件，如图5-52所示。

④ 将调节完成的【玻璃】材质赋予场景中的模型，如图5-53所示。

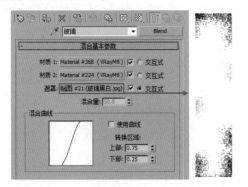

图5-52

图5-53

5 将其他材质制作完成，如图5-54所示。

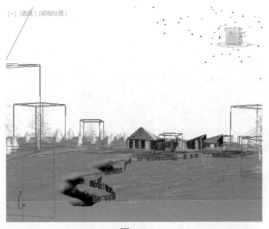

图5-54

3. 设置摄影机

1 单击 ■（创建）| ■（摄影机）| ■标准 ▼ | ■目标 按钮，如图5-55所示。在视图中创建摄影机，如图5-56所示。

图5-55

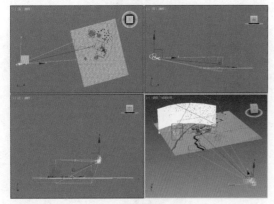

图5-56

2 选择刚创建的摄影机，单击进入【修改】命令面板，设置【镜头】为113.383、【视野】为18.041，如图5-57所示。

图5-57

3 此时的摄影机视图效果如图5-58所示。

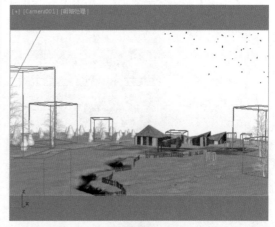

图5-58

4. 设置灯光并进行草图渲染

1 单击 ■（创建）| ■（灯光）| VRay ▼ | VR-太阳 按钮，如图5-59所示。

图5-59

2 在【前】视图中拖曳并创建一盏VR太阳，如

图5-60所示。

图5-60

③ 选择上一步创建的VR太阳,设置【强度倍增】为0.02、【大小倍增】为10.0、【阴影细分】为3,如图5-61所示。

VRay 太阳参数

启用	✓
不可见	
影响漫反射	✓
影响高光	✓
投射大气阴影	✓
浊度	3.0
臭氧	0.35
强度倍增	0.02
大小倍增	10.0
过滤颜色	
颜色模式	过滤
阴影细分	3
阴影偏移	0.2mm
光子发射半径	50.0m
天空模型	Preetham et
间接水平照明	25000.

排除...

图5-61

④ 此时的效果如图5-62所示。

图5-62

5.设置成图渲染参数

经过前面的操作,已经将大量烦琐的工作做完了,下面把渲染的参数设置高一些,再进行渲染输出。

1 重新设置一下渲染参数,按F10键,在打开的【渲染设置】对话框中选择V-Ray选项卡,展开【图形采样器(抗锯齿)】卷展栏,设置【类型】为【自适应】,设置【过滤器】为Catmull-Rom,展开【颜色贴图】卷展栏,设置【类型】为【指数】,选中【子像素贴图】和【钳制输出】复选框,如图5-63所示。

图5-63

2 选择GI选项卡,展开【全局照明〔无名汉化〕】卷展栏,选中【开】,设置【首次引擎】为【发光图】,设置【二次引擎】为【灯光缓存】,展开【发光图】卷展栏,设置【当前预设】为【高】,选中【细节增强】复选框,设置【半径】为60、【细分倍增】为0.3,如图5-64所示。

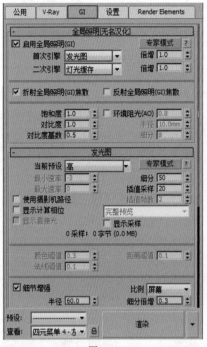

图5-64

3 展开【灯光缓存】卷展栏，设置【细分】为
1000、【采样大小】为0.02，选中【存储直接光】
和【显示计算相位】复选框，如图5-65所示。

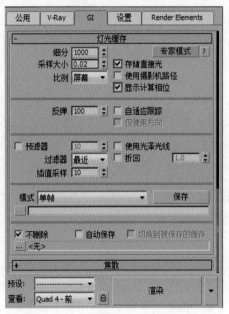

图5-65

4 选择【设置】选项卡，展开【系统】卷展
栏，取消选中【显示消息日志窗口】复选框，
如图5-66所示。

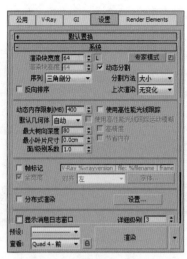

图5-66

5 单击【公用】选项卡，展开【公用参数】卷
展栏，设置输出的尺寸为3000×1875，如图5-67
所示。

图5-67

6 等待一段时间后就渲染完成了，最终的效果
如图5-68所示。

图5-68

第6章

展示设计

· 本章概述 ·

　　展示设计是一门综合艺术设计，是在一定的空间和时间内，使用视觉传达手段与艺术设计语言，借助物品陈列、道具设施、灯光照明、色彩配置以及对空间与平面的组织规划，科学、有计划地向观众传递所要宣传与展示的内容，并使观众接受、参与其中。本章主要从展示设计的概念、展示设计的常见类型、展示设计的载体与展示设计的特征四个方面进行介绍。

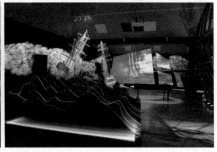

展示设计概述

展示设计是指将特定物品或商品以独特的主题与目的进行展示的设计，主要目的是传达信息。通过设计构思、平面绘制、版式设计、文字与标志设计、道具装饰设计、灯光照明、色彩设计等环节最终形成的空间形式，称为展示空间；这些设计内容便是展示设计。

6.1.1 什么是展示设计

展示设计的概念有狭义与广义两种观点。狭义的概念是将展示设计限制在视觉信息传达与空间形态的规划造型中。广义的概念是指物品的展览设计、博物馆等展示设计和商业营销空间的展示设计的综合，并加入展示规划、安排、推广等环节的设计内容。简而言之，展示设计是一种使展示环境、道具装饰、灯光照明和视觉传达手段服务于展品与主题，并与观众形成互动交流的综合性设计，如图6-1所示。

图6-1

6.1.2 展示设计的常见类型

根据功能、动机、规模、形式、时间、地点等因素的不同，可以将展示设计分为不同的类型。依据展示的功能与动机可分为以下几种类别。

1. 展览设计

展览设计主要指博览会、交易会以及各类短期和长期性展览展出活动的设计内容。展览设计通常以展示目的为根本进行设计，创造出独具特色的展览空间，如图6-2所示。

图6-2

2.文化展示设计

文化展示主要以宣传文化与教育内容为目的，通常分为观赏型展示与教育型展示两个部分。观赏型展示设计主要指文物、历史、美术展等，涉及博物馆、科技馆、美术馆、水族馆、图书馆、动物园等空间的设计内容。教育型展示则是指历史、成就、事件等宣传内容的设计。

博物馆的展示设计涉及环境空间、交通流线、采光照明、展品安全性、观赏效果、观众感受等方面内容，是所有展示设计类型中技术含量最高的设计部分，如图6-3所示。

图6-3

图书馆与美术馆也是常见的文化展示设计内容，是具有教育、传递知识、收集和保存文学与美术作品等功能的重要场地，如图6-4所示。

图6-4

3.商业环境展示设计

商业环境的展示设计内容主要包括商场、商店、超市等商业空间中的商品陈列、广告设计活动宣传等内容，主要目的是创造出适宜的购物环境，吸引消费者的目光，最终获得经济利益，如图6-5所示。

图6-5

4.会议环境展示设计

会议环境的展示设计中包括会议、节日庆典、礼仪活动场地的设计，主要涉及整体空间环境、局部细节、平面组织与布局、灯彩旗帜、绿化花卉摆放等方面内容，如图6-6所示。

图6-6

5.娱乐类展示设计

娱乐类展示设计是以休闲、娱乐活动为主题的展示设计，如亲子游乐园等，如图6-7所示。

图6-7

6.1.3 展示设计的载体

将展示设计按照展品的不同类型进行分类，大致可分为文化类展示、商业类展示和娱乐类展示等。不同类型的展品展示的风格、载体和表现方式各不相同。

展示墙：展示墙又称假墙、隔板，主要用于展示空间的垂直分割与装饰，同时也能够当作展品的载体，用于展品的呈现，如图6-8所示。

图6-8

展示台：展示台是由多个元素共同组合而成的，在展示空间中，展示台的大小、色彩、面积以及摆放位置能够凸显产品的重要程度和展厅的设计风格，如图6-9所示。

图6-9

展示架：展示架的种类繁多，一般有折叠式和拆装式两种结构，可以根据展位的实际情况来选择合适的展架，如图6-10所示。

图6-10

　　展示柜：展示柜的特点在于结构牢固、拆装容易、运输方便，通常情况下以木质或金属元素作为框架和支架，多用于陈列小型、贵重、已损坏的物品，如图6-11所示。

图6-11

　　展示橱窗：展示橱窗位于店铺之中最容易让顾客看到的位置，是店铺与受众之间沟通的桥梁，也是展品最佳的展示区域，如图6-12所示。

图6-12

　　展示牌：展示牌的主要作用是承载文字和图片，通过优秀的设计直接引起受众的注意，具有极强的渲染力和良好的宣传效果，如图6-13所示。

图6-13

展示盒：展示盒多是独立使用，通常在博物馆与珠宝店中使用，对于贵重的商品与文物起到较好的保护作用，如图6-14所示。

图6-14

虚拟陈设：虚拟陈设注重创造沉浸式的体验环境，通过炫酷的灯光与个性的背景布置，形成强烈的视觉冲击力，打造神秘、具有个性、有趣的展示空间，如图6-15所示。

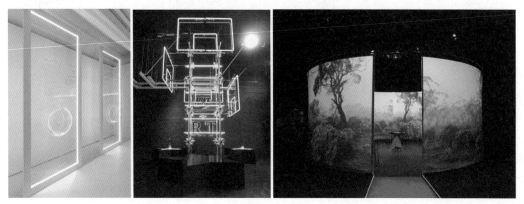

图6-15

6.1.4 展示设计的特征

展示设计一般是在一定的限定空间内进行的。展示空间必备的三个元素是主办方、展品、观众；展示空间传达了主办方及展品的形象特色，使观者在参观的过程中可以全面感受空间的氛围。展示设计类似于建筑与室内设计，又融入了舞台美术设计的内容。总体来讲，展示设计具有以下几方面特征。

真实性：展示空间大多通过实物展品来进行展示主题与内容的表达，通过实物性的展品显示商品特性或展品主题，使展示更具说服力，更易吸引观众或顾客的目光。

综合性：展示设计涉及市场供求、消费心理、建筑空间、美学设计等多方面内容，完成展示设计需要从构思、平面绘图、雕塑、摄影、装饰、灯光、成本预算等多环节整体考量。

艺术性：展示设计的艺术性体现在对于展示空间与展品的组合、配置、构图等形式，通过背景、展具、装饰、照明等部分的设计，创造出优美的、和谐统一的展览效果。

多维性：多维性特征体现在空间的组织与观众的流动方面，人们可以在展示空间内部移动，存在上、下、左、右等不同的观看角度。观众参与其中，有身临其境的感觉，通过角度与位置的改变全方位地接收信息。

开放性：展示空间中大多数展品都是可以任意参观、浏览的；观众在特定的展示活动中可以亲身体验，获得真实、丰富的感受，如图6-16所示。

图6-16

6.2 展示设计实战

6.2.1 实例：明亮中式客厅日景展示设计

设计思路

案例类型：

本案例是明亮中式客厅的展示陈列项目设计，作品如图6-17所示。

图6-17

项目诉求：

该项目以传统中式的对称美学为基准，结合新中式的创新，打造极具中式味道的、经典又隆重的空间感受，如图6-18所示。

图6-18

设计定位：

根据空间展示陈列风格要求，将传统的中华文明与日新月异的时代碰撞，糅合出一种与时俱进的新中式空间风格。空间右侧摆放折叠的屏风，既具有中式风格装饰性，又能保护隐私。结合中式风格的装饰元素，如中式花纹地毯、中式复古浮雕墙画、中式壁画等，凸显浓厚、大气磅礴的中式情怀。在地面材质的选择上，新中式风格常使用浅色地砖，与吊顶形成呼应，如图6-19所示。

图6-19

配色方案

在新中式设计中，多以原木棕作为空间中较深的色彩，以白色和米色作为较浅的色彩，以红色、山水水墨丹青作为点缀色彩。空间中陈设不浮夸，色彩素雅和谐，细节婉约别致，处处散发着优雅而底蕴浓厚的东方气质。

主色：

本案例以棕色为主色，包括左侧的浮雕壁画、右侧的屏风、沙发的原木边框以及其他装饰等，深棕色作为主色奠定了空间的中式稳重、大气之美，如图6-20所示。

图6-20

辅助色：

如果整个画面都使用单一的棕色，会使空间显得十分老气、沉闷，给人造成不适的心理感受，所以可选取明度较高的白色和米色作为辅助色。其中白色主要用于空间顶棚、沙发、窗帘，而米色主要用于地面、部分墙面等界面。白色和米色的出现，使空间产生了强烈的明暗对比，给人一定的视觉"跳跃感"，会更舒适。主色和辅助色的对比效果如图6-21所示。

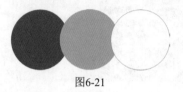

图6-21

点缀色：

选用红色、青色作为点缀色，增强空间的视觉"灵动感"，让人感觉这是一个有温度的空间。主色、辅助色与点缀色的对比效果如图6-22所示。

图6-22

空间布局

该作品主要采用"对称"的布局方式，并且几乎是完全对称，极致凸显中式对称美学。不仅空间硬装几乎对称，而且沙发、陈设也尽量做到对称。为了打破完全对称造成的视觉疲倦，在左右墙壁上追求做到不同：左侧以陈设展示为主，如浮雕墙面、壁画等；而右侧则以更稳重的屏风为主。图6-23所示为空间【顶】视图和【前】视图展示的对称布局。

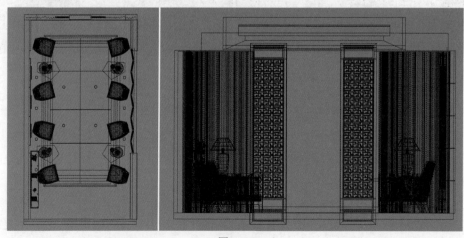

图6-23

项目实战

本案例是一个充满阳光的中式接待室，现代中式的设计风格是在原有的中式风格的基础上增加了一些现代元素。在保留了中式原有的红木风格的整体下，加入现代简约的设计理念，室内日景灯光表现主要使用了VR-灯光、目标平行光、目标灯光来制作，使用VRayMtl材质、【VR_材质包裹器】材质制作本案例的主要材质。

操作步骤

1. 设置VRay渲染器

❶ 打开本书场景文件，如图6-24所示。

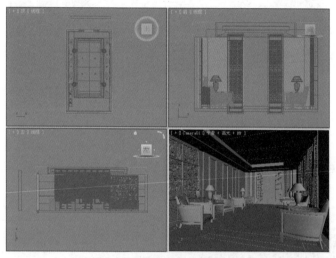

图6-24

❷ 按F10键，打开【渲染设置】对话框，设置【渲染器】为V-Ray Adv 3.00.08，如图6-25所示。

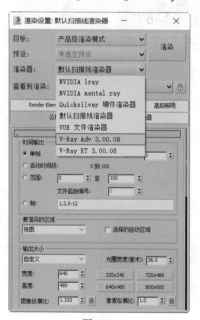

图6-25

2. 材质的制作

下面介绍场景中的主要材质的调制，包括地砖、地毯、沙发垫、台灯、装饰墙、吊顶、浮雕材质等，如图6-26所示。

图6-26

1）地砖材质的制作

1 按M键，打开【材质编辑器】对话框，选择第一个材质球，单击 Standard 按钮，在弹出的【材质/贴图浏览器】对话框中选择VRayMtl材质，如图6-27所示。

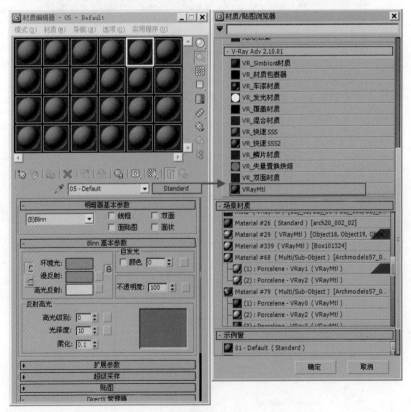

图6-27

② 将其命名为【地砖】，在【漫反射】选项组下后面的通道上加载一张【大理石地面.jpg】贴图，设置【高光光泽度】为0.85，设置【反射光泽度】为0.9，在【反射】选项组下后面的通道上加载【衰减】程序贴图，设置第一个颜色为黑色，设置第二个颜色为灰色，设置【衰减类型】为Fresnel，如图6-28所示。

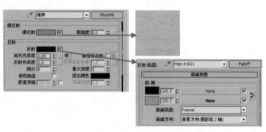

图6-28

③ 将制作好的地砖材质赋予场景中的地面的模型，如图6-29所示。

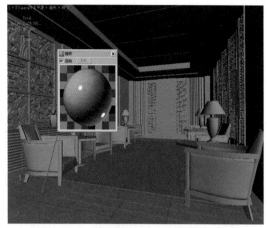

图6-29

2）地毯材质的制作

① 按M键，打开【材质编辑器】对话框，选择第一个材质球，单击 Standard 按钮，在弹出的【材质/贴图浏览器】对话框中选择VRayMtl材质，如图6-30所示。

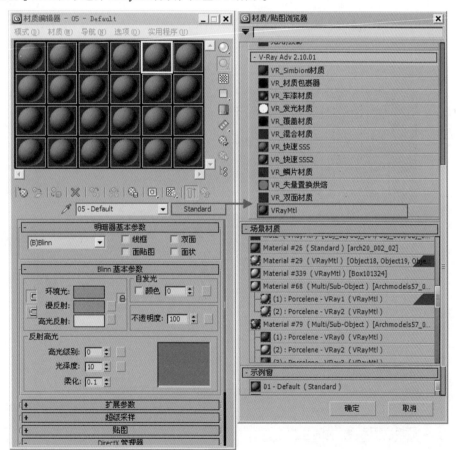

图6-30

2 将其命名为【地毯】，在【漫反射】选项组
下后面的通道上加载一张【地毯.jpg】程序贴
图，设置【高光光泽度】为0.25，设置【模糊】
为0.01，如图6-31所示。

3 将调节完成的【地毯】材质赋予场景中的地
面的模型，如图6-32所示。

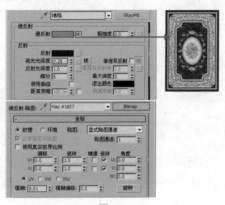

图6-31

图6-32

3）沙发垫材质的制作

1 选择一个空白材质球，将材质类型设置为VRayMtl，如图6-33所示。将其命名为【沙发垫】，在
【漫反射】选项组下后面的通道上加载【衰减】程序贴图，在第一个颜色通道上加载【毛绒.jpg】
贴图文件，在第二个颜色通道上加载【毛绒.jpg】贴图文件，设置【衰减类型】为Fresnel，如图6-34
所示。

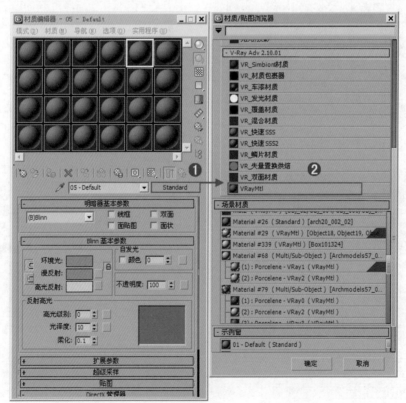

图6-33

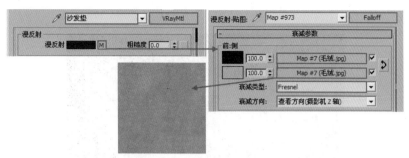

图6-34

❷ 在【反射】选项组下后面的通道上加载【衰减】程序贴图，设置第一个颜色为黑色，设置第二个颜色为深红色，设置【衰减类型】为Fresnel，设置【高光光泽度】为0.5，设置【反射光泽度】为0.7，如图6-35所示。

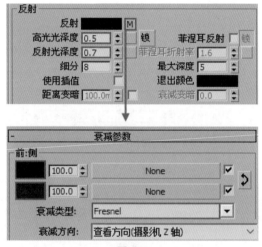

图6-35

❸ 展开【贴图】卷展栏，在【凹凸】后面的通道上加载【黑白毛绒.jpg】贴图文件，设置其具体的参数，设置【凹凸】为15，如图6-36所示。

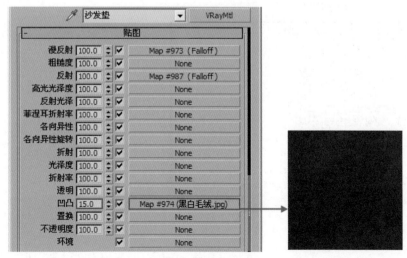

图6-36

④ 将调节完成的【沙发垫】材质赋予场景中装饰墙面的模型，如图6-37所示。

图6-37

4）浮雕材质的制作

① 选择一个空白材质球，将材质类型设置为【VRay材质】，将其命名为【浮雕】，在【漫反射】选项组中调节颜色为棕色，在【反射】选项组中调节颜色为深灰色，设置【高光光泽度】为0.23，如图6-38所示。

图6-38

② 展开【贴图】卷展栏，在【凹凸】后面的通道上加载【浮雕凹凸.jpg】贴图文件，设置其具体的参数，设置【凹凸】为44，如图6-39所示。

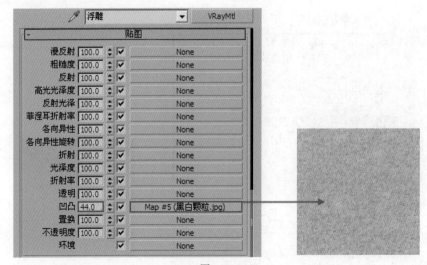

图6-39

❸ 将调节完成的【浮雕】材质赋予场景中浮雕墙壁的模型，如图6-40所示。

图6-40

5）装饰墙材质的制作

❶ 按M键，打开【材质编辑器】对话框，选择第一个材质球，单击 Standard 按钮，在弹出的【材质/贴图浏览器】对话框中选择【VR_材质包裹器】材质，如图6-41所示。

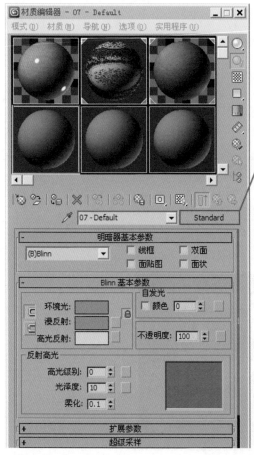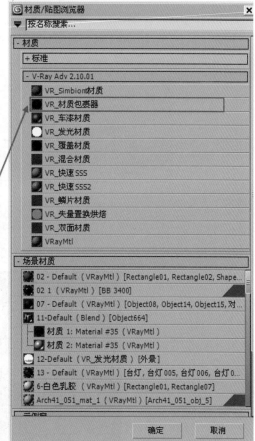

图6-41

❷ 将其命名为【装饰墙】，在【VR-材质包裹器参数】卷展栏下加载VRayMtl，设置【产生全局照明】为0.85，如图6-42所示。

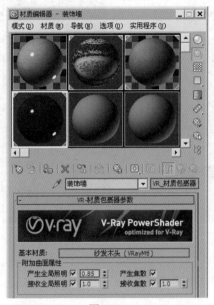

图6-42

❸ 单击进入【基本材质】后面的通道，在【漫反射】选项组下后面的通道上加载一张【红枫木饰面.jpg】贴图文件，在【反射】选项组下加载【衰减】程序贴图，设置【高光光泽度】为0.85，设置【反射光泽度】为0.9，设置【细分】为15，如图6-43所示。

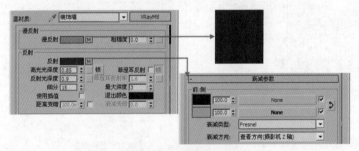

图6-43

❹ 将调节完成的【装饰墙】材质赋予场景中装饰墙面的模型，如图6-44所示。

图6-44

6）台灯材质的制作

① 选择一个空白材质球，将材质类型设置为【VRay材质】，将其命名为【台灯】，在【漫反射】选项组的通道上加载【黑色理石.jpg】贴图文件，在【反射】选项组中调节反射颜色为白色，设置【反射光泽度】为0.9，如图6-45所示。

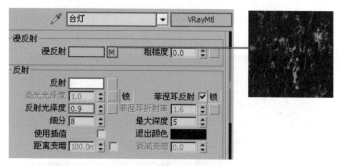

图6-45

② 将调节完成的【理石台面】材质赋予场景中茶几台面的模型，如图6-46所示。

图6-46

7）吊顶材质的制作

① 选择一个空白材质球，将材质类型设置为VRayMtl，将其命名为【乳胶漆】，在【漫反射】选项组中调节颜色为浅灰色，在【反射】选项组中调节颜色为深灰色，设置【高光光泽度】为0.35，如图6-47所示。

② 将调节完成的【乳胶漆】材质赋予场景中装饰瓷瓶的模型，如图6-48所示。

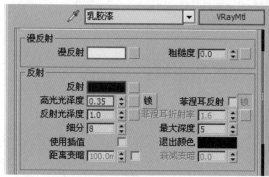

图6-47

图6-48

3. 设置灯光并进行测试渲染

在这个中式接待室场景中，使用两部分灯光照明来表现，一部分使用了太阳光，另一部分使用了室内灯光（如吊灯、台灯、灯带、射灯）的照明。

1）白天室外阳光的制作

❶ 单击■（创建）|▨（灯光）| 目标平行光 按钮，在【左】视图中创建一盏目标平行光，将其拖曳到室外，如图6-49所示。

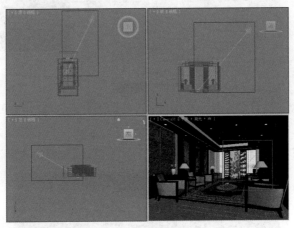

图6-49

❷ 选择上一步创建的目标平行光，在【修改】命令面板中选中【启用】复选框，设置【阴影类型】为【VR-阴影】，设置【强度】为6.0，设置颜色为浅黄色，选中【区域阴影】复选框，设置【U大小】、【V大小】、【W大小】均为1000.0mm，【细分】为20，如图6-50所示。

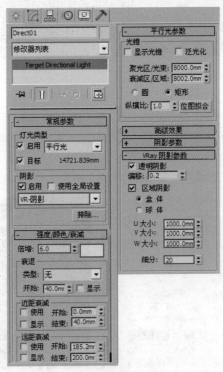

图6-50

❸ 单击■（创建）|■（灯光）| VR-灯光 按钮，在【左】视图中创建一盏VR灯光，将其拖曳到室外。VR-灯光的大小与窗口类似，如图6-51所示。

❹ 选择上一步创建的VR-灯光，在【修改】命令面板中设置【类型】为【平面】，设置【倍增】为20.0，设置颜色为浅蓝色，设置【1/2长】为1800.0mm、【1/2宽】为1500.0mm，选中【不可见】复选框，如图6-52所示。

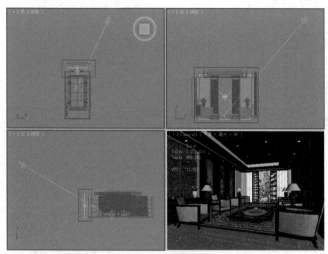

图6-51　　　　　　　　　　　　　　　　　　　图6-52

❺ 按F10键，打开【渲染设置】对话框。首先设置V-Ray和GI选项卡下的参数。刚开始设置的是一个草图，目的是进行快速渲染，来观看整体的效果，如图6-53所示。

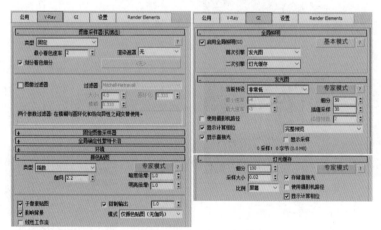

图6-53

❻ 按数字键8，打开【环境和效果】面板，调节颜色为浅蓝色，如图6-54所示。

图6-54

7 按Shift+Q组合键，快速渲染摄影机视图，如图6-55所示。

图6-55

2）制作射灯的光源

1 单击 ▣（创建）| ▣（灯光）| 目标灯光 按钮，在【前】视图中创建一盏目标灯光，使用【选择并移动】工具复制11盏灯光，将其拖曳到射灯的下方，如图6-56所示。

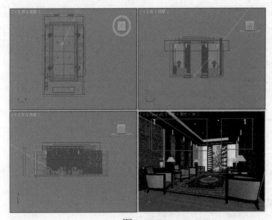

图6-56

2 选择上一步创建的目标灯光，在【修改】命令面板中选中【启用】复选框，设置【阴影类型】为【VR-阴影】，设置【灯光分布（类型）】为【光度学Web】，在通道上加载【筒灯.ies】光域网文件，设置【强度】为1516.0，设置颜色为浅黄色，如图6-57所示。

3 单击 ▣（创建）| ▣（灯光）| 目标灯光 按钮，在【前】视图中创建一盏目标灯光，使用【选择并移动】工具复制3盏灯光，将其拖曳到射灯的下方，如图6-58所示。

图6-57

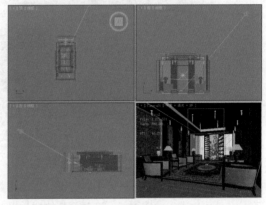

图6-58

4 选择上一步创建的目标灯光，在【修改】命令面板中选中【启用】复选框，设置【阴影类型】为【VR-阴影】，设置【灯光分布（类型）】为【光度学Web】，在通道上加载【20.ies】光域网文件，设置【强度】为34000.0，设置颜色为浅黄色，如图6-59所示。

图6-59

5 按Shift+Q组合键，快速渲染摄影机视图，如图6-60所示。

图6-60

从上面的渲染效果来看，在接待室四周的射灯灯光效果基本满意，但是接待室中央吊顶和装饰墙的光源还不够理想。下面制作接待室顶棚和装饰墙光源。

3）客厅顶棚灯带光源的制作

1 单击■（创建）|■（灯光）| VR-灯光 按钮，在【顶】视图中创建一盏VR灯光，使用【选择并移动】工具复制3盏并将其放置到吊顶的上方部位，如图6-61所示。

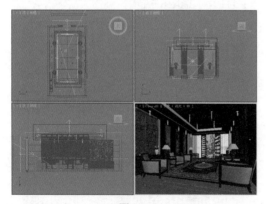

图6-61

2 选择上一步创建的VR灯光，在【修改】命令面板中设置【类型】为【平面】、【倍增】为6.0，调节颜色为浅黄色、【1/2长】为29.0mm、【1/2宽】为2650.0mm，选中【不可见】复选框，如图6-62所示。

3 单击■（创建）|■（灯光）| VR_光源 按钮，在【顶】视图中创建一盏VR灯光，使用【选择并移动】工具将其放置到装饰墙的上方部位，然后使用【选择并旋转】工具旋转到合适的角度，如图6-63所示。

图6-62

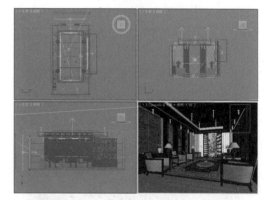

图6-63

4 选择上一步创建的VR灯光，在【修改】命令面板中设置【类型】为【平面】、【倍增】为7.0，调节颜色为浅黄色、【1/2长】为25.0mm、【1/2宽】为1750.0mm，选中【不可见】复选框，如图6-64所示。

图6-64

⑤ 按Shift+Q组合键，快速渲染摄影机视图，如图6-65所示。

图6-65

4）客厅中台灯光源的制作

❶ 单击 ⚙（创建）| 💡（灯光）| VR-灯光 按钮，在【顶】视图中创建一盏VR灯光，将其放置在台灯灯罩中，使用【选择并移动】工具复制3盏到其他台灯灯罩中，如图6-66所示。

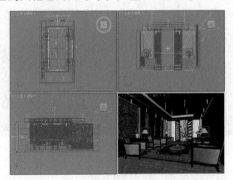

图6-66

❷ 选择上一步创建的VR灯光，在【修改】命令面板中设置【类型】为【球体】、【倍增】为60.0，设置颜色为浅黄色、【半径】为95.0mm，选中【不可见】复选框，如图6-67所示。

图6-67

③ 按Shift+Q组合键，快速渲染摄影机视图，如图6-68所示。

图6-68

4. 设置成图渲染参数

❶ 重新设置渲染参数，按F10键，在打开的【渲染设置】对话框中选择V-Ray选项卡，展开【图像采样器（抗锯齿）】卷展栏，设置【类型】为【自适应细分】，勾选【图像过滤器】复选框，选择Mitchell-Netravali。展开【自适应细分图像采样器】卷展栏，设置【最小速率】为2、【最大速率】为4。展开【全局确定性蒙特卡洛】卷展栏，设置【噪波阈值】为0.008、【最小采样】为10，如图6-69所示。

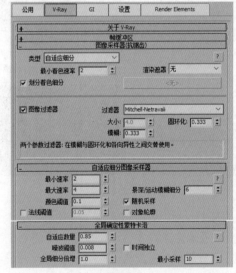

图6-69

❷ 展开【颜色贴图】卷展栏，设置【类型】为【指数】，选中【子像素贴图】和【钳制输出】复选框，如图6-70所示。

图6-70

3 选择GI选项卡，展开【发光图】卷展栏，设置【当前预设】为【低】，设置【细分】为50、【插值采样】为30，选中【显示计算相位】和【显示直接光】复选框。展开【灯光缓存】卷展栏，设置【细分】为1000，取消选中【存储直接光】复选框，如图6-71所示。

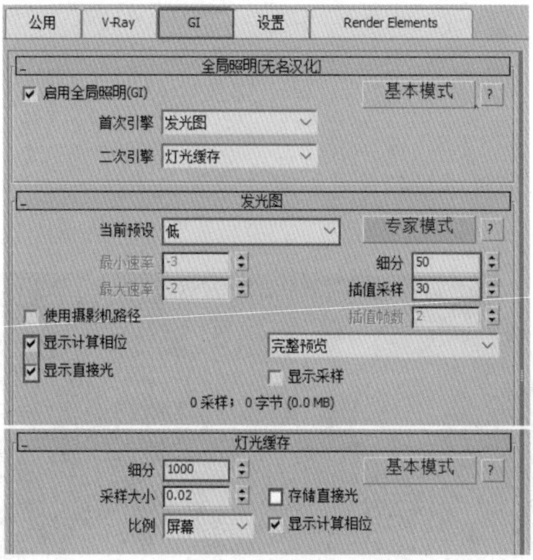

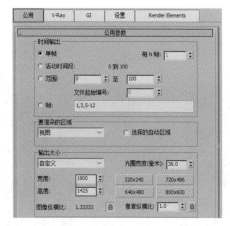

图6-71

4 选择【公用】选项卡，设置输出的尺寸为1900×1425，如图6-72所示。

图6-72

5 等待一段时间后就渲染完成了，如图6-73所示。

图6-73

6.2.2 实例：现代极简风格办公室空间展示陈列设计

设计思路

案例类型：

　　本案例是现代极简风格的办公室空间展示陈列设计，作品如图6-74所示。

图6-74

项目诉求：

该项目重在表现办公区独有的科技感、未来感，使进入空间的客人感受到环境气氛带来的独特魅力，如图6-75所示。

图6-75

设计定位：

为了突出空间的科技感、未来感，采取了现代极简风格进行设计，通过布置大量的灯光，使得展示墙更具艺术性，如图6-76所示。

图6-76

配色方案

使用过于鲜艳的色彩进行空间的搭配，会使空间过于凌乱。本例采用了经典黑、白、灰搭配，稍微偏向冷色调。虽然少了亮丽的色彩，但是多了更多的想象空间。纯黑色带有反光的地砖反射出的景象充满抽象气息，而墙壁发光的方形壁灯，则在明度上与黑色地面产生巨大反差，视觉冲击力超强。

主色：

本案例采用深邃而稳重的黑色作为主色，并且使用黑色设置地面部分，使得整个空间"下深上浅"，视觉效果更稳定，如图6-77所示。

图6-77

辅助色：

使用灰色、白色作为辅助色，搭配黑色，显得不突兀，而且柔化了黑色带来的沉闷感，使得空间充斥着黑、白、灰色调带来的无穷魅力。主色与辅助色的对比效果如图6-78所示。

图6-78

点缀色：

为了凸显科技感、未来感，空间少量使用了灰蓝色进行点缀，如图6-79所示。

图6-79

空间布局

该作品主要采用"重心型"的布局方式，空间中的元素分布看似杂乱，有墙壁白色壁灯、射灯、接待桌等，但是丝毫感觉不到凌乱。这是因为空间布局以中心的办公桌位置为"重心"，其他元素分布四周。在设计之初有意为之，视觉中心始终在办公桌的位置，这就是空间陈列的精妙之处，如图6-80所示。

图6-80

项目实战

本案例是一个极简风格的办公室空间展示设计，为体现空间的科技与未来感，采用现代极简风格进行设计，并使用大量灯光与无彩色搭配方案，展现出办公空间的科技感。室内明亮灯光表现主要使用了VR-灯光模拟主光源，使用目标灯光模拟射灯光源，接着使用VRayMtl材质制作地面、瓷砖、黑漆等材质。

操作步骤

1. 设置VRay渲染器

❶ 打开本书场景文件，如图6-81所示。

❷ 按F10键，打开【渲染设置】对话框，设置【渲染器】为V-Ray Adv 3.00.08，如图6-82所示。

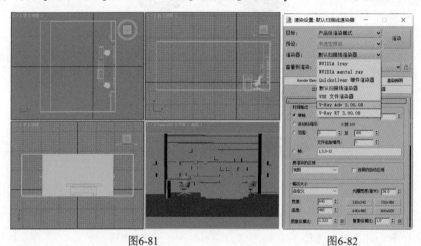

图6-81　　　　　　　　　　　　　　　　　图6-82

2. 材质的制作

下面介绍场景中的主要材质的调制，包括乳胶漆、金属、地面、椅背、自发光、瓷砖、黑漆材质等，如图6-83所示。

图6-83

1）地面材质的制作

❶ 按M键，打开【材质编辑器】对话框，选择第一个材质球，单击 Arch & Design 按钮，在弹出的【材质/贴图浏览器】对话框中选择【VR材质】材质，如图6-84所示。

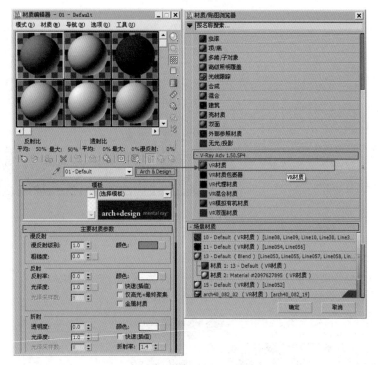

图6-84

❷ 将其命名为【地面】，在【漫反射】选项组的通道上加载【平铺】程序贴图，设置【预设类型】为【堆栈砌合】，设置【水平数】为14.0、【垂直数】为26.0、【淡出变化】为0.1，在【砖缝设置】选项组中设置【水平间距】和【垂直间距】均为0.006，在【反射】选项组中加载【衰减】程序贴图，设置【反射光泽度】为0.95、【细分】为20、【最大深度】为2，如图6-85所示。

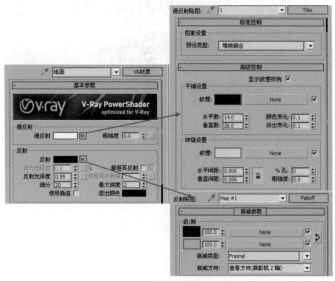

图6-85

❸ 展开【贴图】卷展栏，单击漫反射通道上的贴图文件并将其拖曳到【凹凸】通道上，设置【方法】为【复制】，设置【凹凸】为5.0，如图6-86所示。

❹ 将调节完成的【地面】材质赋予场景中的地面部分的模型，如图6-87所示。

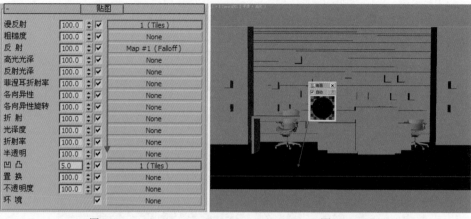

图6-86   图6-87

2）乳胶漆材质的制作

❶ 按M键，打开【材质编辑器】对话框，选择第一个材质球，单击 Arch & Design 按钮，在弹出的【材质/贴图浏览器】对话框中选择【VR材质】材质，如图6-88所示。

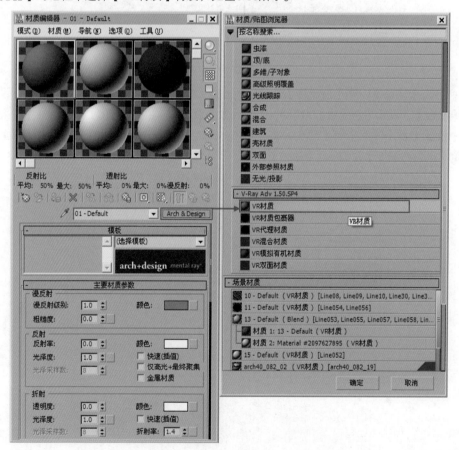

图6-88

② 将其命名为【乳胶漆】，在【漫反射】选项组中设置颜色为浅灰色，在【反射】选项组中设置颜色为深灰色，设置【反射光泽度】为0.85，如图6-89所示。

③ 将调节完成的【乳胶漆】材质赋予场景中的墙面模型，如图6-90所示。

图6-89 图6-90

3）瓷砖材质的制作

① 选择一个空白材质球，将材质类型设置为【VR材质】，将其命名为【瓷砖】，在【漫反射】选项组中加载【瓷砖.jpg】贴图文件，设置【大小】的【宽度】为250.0mm、【高度】为320.0mm，在【反射】选项组中设置颜色为深灰色，设置【反射光泽度】为0.95，如图6-91所示。

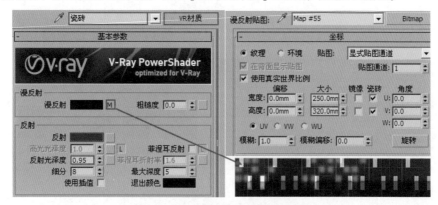

图6-91

② 将调节完成的【瓷砖】材质赋予场景中的瓷砖的模型，如图6-92所示。

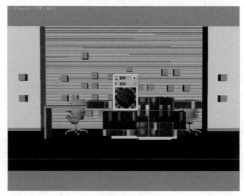

图6-92

4）金属材质的制作

❶ 选择一个空白材质球，将材质类型设置为【VR材质】，将其命名为【金属】，在【漫反射】选项组中设置颜色为深灰色，在【反射】选项组中设置反射颜色为浅灰色，设置【反射光泽度】为0.9，如图6-93所示。

❷ 将调节完成的【金属】材质赋予场景中接待台结构的模型，如图6-94所示。

图6-93   图6-94

5）自发光材质的制作

❶ 选择一个空白材质球，将材质类型设置为【VR灯光材质】，设置颜色为白色，设置颜色数值为2，如图6-95所示。

❷ 将调节完成的【自发光】材质赋予场景中自发光的模型，如图6-96所示。

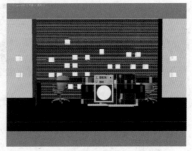

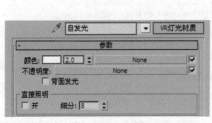

图6-95   图6-96

6）椅背材质的制作

❶ 选择一个空白材质球，将材质类型设置为Standard，将其命名为【椅背】，在【漫反射】选项组中加载【椅背.jpg】贴图文件，在【不透明度】后面的通道上加载【椅背遮罩.jpg】贴图文件，设置【高光级别】为0、【光泽度】为25，如图6-97所示。

❷ 将调节完成的【椅背】材质赋予场景中椅背的模型，如图6-98所示。

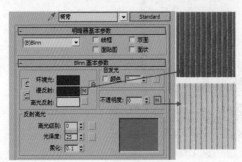
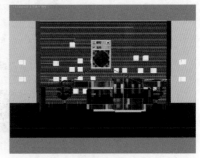

图6-97   图6-98

7）黑漆材质的制作

■ 选择一个空白材质球，将材质类型设置为【VR材质】，将其命名为【黑漆】，在【漫反射】选项组中设置颜色为深灰色，在【反射】选项组中设置颜色为深灰色，设置【反射光泽度】为0.89、【细分】为15，如图6-99所示。

■ 将调节完成的【黑漆】材质赋予场景中背景墙的模型，如图6-100所示。

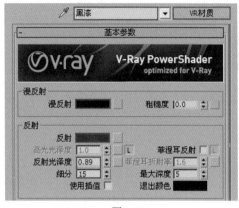 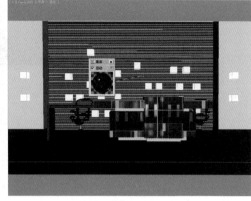

图6-99 图6-100

3.设置灯光并进行草图渲染

在这个接待大厅场景中，主要使用了两部分灯光照明来表现，一部分使用VR-灯光模拟室内主要光源，另一部分使用目标灯光模拟室内射灯光源。

1）室内主要光源的制作

■ 单击 ■（创建）| ■（灯光）| VR-灯光 按钮，在【左】视图中拖曳创建一盏VR灯光，如图6-101所示。

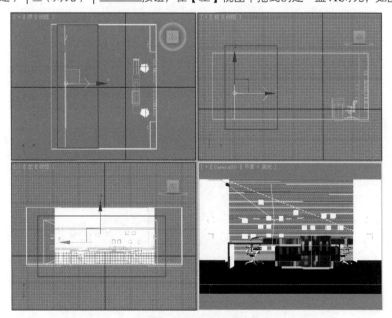

图6-101

■ 选择上一步创建的VR灯光，在【修改】命令面板中设置【类型】为【平面】，设置【倍增】为6.0，设置颜色为浅蓝色，设置【1/2长】为2155.0mm、【1/2宽】为5580.0mm，选中【不可见】复选框，取消选中【影响高光反射】和【影响反射】复选框，设置【细分】为25，如图6-102所示。

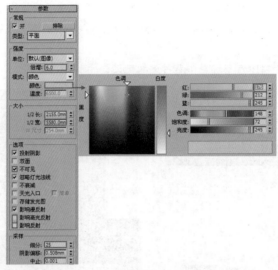

图6-102

3 按F10键，打开【渲染设置】对话框，首先设置V-Ray和GI选项卡中的参数。刚开始进行的是一个草图设置，目的是进行快速渲染，来观看整体的效果，如图6-103所示。

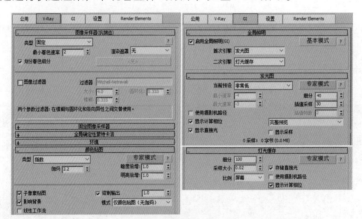

图6-103

4 按Shift+Q组合键，快速渲染摄影机视图，如图6-104所示。

图6-104

2）室内射灯光源的制作

❶ 单击 ▣（创建）| ⬚（灯光）| 目标灯光 按钮，在【左】视图中创建一盏目标灯光，使用【选择并移动】工具复制两盏灯光，如图6-105所示。

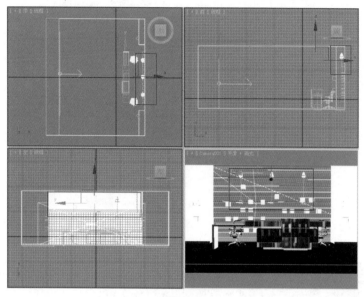

图6-105

❷ 选择刚创建的目标灯光，在【修改】命令面板中选中【启用】复选框，设置【阴影类型】为【VR-阴影】，设置【灯光分布（类型）】为【光度学Web】，在通道上加载【13.ies】光度学，设置【强度】为40000.0，展开【VRay阴影参数】卷展栏，选中【区域阴影】复选框，设置【U大小】、【V大小】、【W大小】均为50.0mm，如图6-106所示。

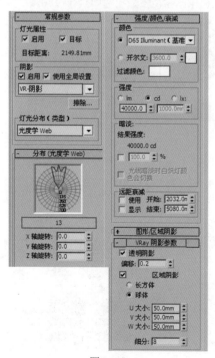

图6-106

❸ 按Shift+Q组合键，快速渲染摄影机视图，如图6-107所示。

图6-107

❹ 继续使用目标灯光进行创建。选择刚创建的目标灯光，如图6-108所示，在【修改】命令面板中选中【启用】复选框，设置【阴影类型】为【VR-阴影】，设置【灯光分布（类型）】为【光度学Web】，在通道上加载【16.ies】光度学，设置【强度】为2500.0，展开【VRay阴影参数】卷展栏，选中【区域阴影】复选框，设置【U大小】、【V大小】、【W大小】均为50.0mm，如图6-109所示。

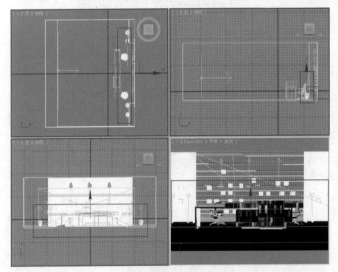

图6-108

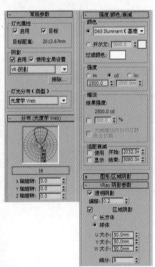

图6-109

❺ 按Shift+Q组合键，快速渲染摄影机视图，如图6-110所示。

图6-110

⑥ 继续使用目标灯光进行创建。选择刚创建的目标灯光，如图6-111所示，在【修改】命令面板中选中【启用】复选框，设置【阴影类型】为【VR-阴影】，设置【灯光分布（类型）】为【光度学Web】，在通道上加载【13.ies】光度学，设置【强度】为2000.0，展开【VRay阴影参数】卷展栏，选中【区域阴影】复选框，设置【U大小】、【V大小】、【W大小】均为50.0mm，如图6-112所示。

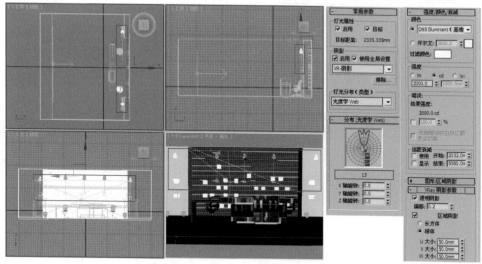

图6-111   图6-112

⑦ 按Shift+Q组合键，快速渲染摄影机视图，如图6-113所示。

图6-113

4. 设置成图渲染参数

❶ 重新设置渲染参数。按F10键，在打开的【渲染设置】对话框中选择V-Ray选项卡，展开【图像采样器（抗锯齿）】卷展栏，设置【类型】为【自适应】，选中【图像过滤器】复选框，选择Catmull-Rom。展开【自适应图像采样器】卷展栏，设置【最小速率】为2、【最大速率】为5。展开【全局确定性蒙特卡洛】卷展栏，设置【噪波阈值】为0.005、【最小采样】为10，如图6-114所示。

❷ 展开【颜色贴图】卷展栏，设置【类型】为【指数】，选中【子像素贴图】和【钳制输出】复选框，如图6-115所示。

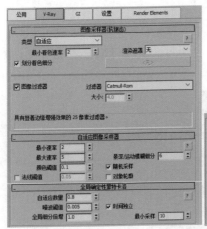

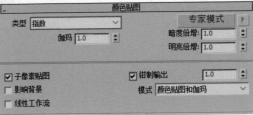

图6-114   图6-115

❸ 选择GI选项卡，展开【发光图】卷展栏，设置【当前预设】为【低】，设置【细分】为70、【插值采样】为30，展开【灯光缓存】卷展栏，设置【细分】为1000，选中【存储直接光】复选框，如图6-116所示。

❹ 选择【公用】选项卡，设置输出尺寸为1500×915，如图6-117所示。

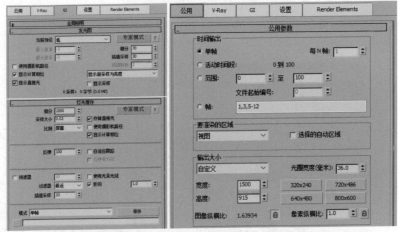

图6-116   图6-117

❺ 等待一段时间后就渲染完成了，如图6-118所示。

图6-118

第**7**章

广告设计

· 本章概述 ·

　　广告是用来陈述和传递信息的一种方式。日常生活中充斥着各类广告，广告的类型和数量也在日益增多，因此对于广告设计的要求也就越来越高，想要成功地吸引消费者的眼球已不再是一件易事，这就使得广告设计逐渐转向广告创意。本章主要从广告设计的概念、广告设计的常见类型、广告设计的构图方式以及广告设计的原则等方面进行介绍。

7.1 广告设计概述

广告设计是一种现代艺术设计方式，在视觉传达设计中占有重要地位。现代广告设计已经从静态的平面广告发展为动态广告，以多种多样的形式融入日常生活。一个好的广告设计可以有效地传播信息，达到超乎想象的反馈效果。

7.1.1 什么是广告设计

广告，从表面上理解即广而告之。广告设计是通过图像、文字、色彩、版面、图形等元素进行艺术创意而实现广告目的和意图的一种设计活动，在现代商业社会中，广告具有宣传企业形象、销售产品及服务以及传播某种信息的功能，通过广告的宣传作用增加了产品的附加价值，促进了产品的消费，从而实现了一定的经济效益。广告设计示例如图7-1所示。

图7-1

7.1.2 广告设计的常见类型

由于市场竞争日益激烈，商家间对于自身产品的宣传不断强化，促使广告业迅速发展，促进广告种类与创意的不断创新与丰富。根据广告的形态可以把广告分为以下几种。

1. 平面广告

平面广告以静态的形态进行，主要包括图形、文字、色彩等要素。其表现形式也是多种多样的，包括绘画、摄影、拼贴等不同形式。平面广告多以二维形态进行传递。具体来说，平面广告包括报纸杂志广告、招贴广告、POP广告等类型。

报纸杂志广告通常占据其载体的一小部分，与报纸杂志一同销售，一般适用于展销、展览、劳务、庆祝、航运、通知、招聘等，如图7-2所示。

图7-2

招贴广告是一种集艺术与设计于一体的广告形式，其表现形式富有创意和观赏性，如图7-3所示。

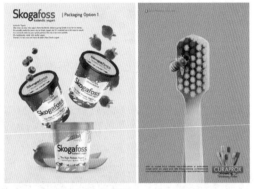

图7-3

POP广告通常置于商业空间的周围、内部，或是商品陈设物附近等地。POP广告多使用马克笔和各颜色的专用纸制作，其制作方式、材料多种多样，制作成本较为低廉；而且手绘POP广告使广告更具有亲和力。

2.动态广告

动态广告是以动态的形式展现的，包括影视广告、电商广告、互联网广告、电视广告等。

影视广告以叙事的形式进行宣传。它吸收了音乐、电影、文学艺术等各种形式的特点，使得作品更具感染力和号召力，主要包括电影广告和动画广告，如图7-4所示。

图7-4

电商广告主要出现在浏览量较大的网页中。在浏览购物平台网页时，弹出的各式电商广告在不知不觉中占据大众视线，新颖生动的动态影像与产品具有较强的吸引力，如图7-5所示。

图7-5

互联网广告是指利用网络发放的广告，有弹出式、文本链接式、直接阅览式、邮件式、点击式等多种方式，如图7-6所示。

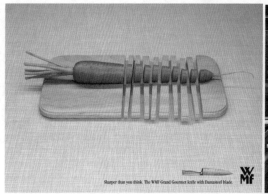

图7-6

电视广告是一种以电视为媒介的传播信息的形式。其时间长短依内容而定，具有一定的独占性和广泛性，如图7-7所示。

图7-7

3.户外广告

户外广告主要投放在交通流量较大、较为公众的室外场地，具体来说，户外广告包含灯箱广告、单立柱广告、霓虹灯广告、车身广告、场地广告、路牌广告等。

灯箱广告主要用于企业宣传，一般放在建筑物的外墙、楼顶、裙楼等位置。白天为彩色广告牌；晚上亮灯则成为内打灯，向外发光。经过照明后，广告的视觉效果更加强烈，如图7-8所示。

图7-8

单立柱广告置于某些支撑物之上，如立柱式T形或P形装置。其具有一定的稳定性和持续性，如图7-9所示。

图7-9

霓虹灯广告是通过不同颜色的霓虹管制成文字或图案，夜间呈现一种闪动灯光模式，动感而耀眼，如图7-10所示。

图7-10

　　车身广告是一种置于公交车或专用汽车两侧的广告形式。其传播方式具有一定的流动性，传播区域较广，如图7-11所示。

图7-11

　　场地广告是指置于地铁站、火车站、机场等地点内的各种广告，多置于扶梯、通道、车厢等位置，如图7-12所示。

图7-12

　　路牌广告主要置于公路或交通要道两侧，形式多样，立体感较强，画面十分醒目，能够更快地吸引眼球，如图7-13所示。

图7-13

7.1.3 广告设计的构图方式

广告的版面构图就是将图形图案、文字、色彩等视觉元素和谐地安排在一个版面中，形成一个完整的画面并将内容传达给受众。不同的诉求效果需要不同的构图，以下是一些常见的版面构图方式。

满版型：自上而下或自左而右进行内容的排布，整个画面饱满丰富，如图7-14所示。

图7-14

重心型：视焦点会集聚在画面的中心，是一种稳定的编排方式，如图7-15所示。

图7-15

分割型：分为左右分割和上下分割、对称分割和非对称分割，如图7-16所示。

图7-16

倾斜型：插图或文字倾斜编排，使画面更具有动感，或营造一种不稳定的氛围，如图7-17所示。

图7-17

O型：文字与图形元素围绕中心构图，具有一定的向内的向心力或扩散的离心力，如图7-18所示。

图7-18

对称型：对称型构图是使画面左右或上下的内容呈现出镜像的效果，给人以均衡、稳定的感受，可以分为绝对对称与相对对称，如图7-19所示。

图7-19

7.1.4 广告设计的原则

现代广告设计原则是根据广告的本质、特征、目的所提出的根本性、指导性的准则和观点。主要包括可读性原则、形象性原则、真实性原则、关联性原则。

可读性原则：广告最终的目的是让受众清楚地了解其主要表现的内容，所以必须具有普遍的可读性，准确地传达信息，才能真正地投放市场、投向公众。

形象性原则：一个平淡无奇的广告是无法打动消费者的，只有运用一定的艺术手法渲染和塑造产品形象，才能使产品形象在众多的广告中脱颖而出。

真实性原则：真实性是广告最基本的原则。只有真实地表现产品或服务特质才能吸引消费者，其中，不仅要保证宣传内容的真实性，还要保证以真实的广告形象表现产品。

关联性原则：不同的商品适用于不同的群体，所以要了解受众的审美情趣，进行相关的广告设计，如图7-20所示。

图7-20

7.2 酒类广告设计实战

设计思路

案例类型：

本案例是清新风格的酒类广告设计，作品如图7-21所示。

图7-21

项目诉求：

该广告以虚实结合的手法突出产品，通过室内自然光的衬托，打造出明亮、通透、洁净的餐厅环境，使整个广告呈现出清新、安静的视觉效果，如图7-22所示。

图7-22

设计定位：

　　根据广告的风格与西餐厅背景的需要，将产品放置在餐桌一角，并通过自然光线的运用，使酒瓶呈现出晶莹剔透的效果，具有较强的光泽感。也在侧面表明了餐厅环境的整洁，从而获得消费者的认可。最前方的食物与花卉作为装饰，使整个画面变得鲜活、生动，更具视觉感染力，如图7-23所示。

图7-23

配色方案

　　该广告既突出展示产品，同时也表现出西餐厅环境的宜人、洁净。因此使用淡米色作为背景主色调，而产品则使用黑色、琥珀色、油绿色等高纯度色彩进行表现，使画面呈现出明暗交错的层次变化。并通过适当色彩的点缀，带来淡雅、浪漫的气息。

主色：

　　本案例以淡米色为主色，包括背景中落地窗的自然光照、墙面以及桌面，通过一些明暗的变化，展现出环境的明亮、干净，带来优美、惬意、宜人的感受，如图7-24所示。

图7-24

辅助色：

以大面积的浅色调色彩作为背景，会使整个画面较为单调。因此黑色、琥珀色与油绿色作为酒瓶的色彩，其浓郁、饱满的色彩可以增强画面的视觉重量感，提升产品的注目性与冲击力，从而突出广告主体。主色与辅助色的对比效果如图7-25所示。

图7-25

点缀色：

选用紫色、深红色作为点缀色，丰富了画面的色彩，带来浪漫、雅致、甜蜜的气息。主色、辅助色与点缀色的对比效果如图7-26所示。

图7-26

空间布局

该作品主要采用"水平"的布局方式，形成由左至右的舒展构图，显示出通透、畅快的视觉效果。不同高度的瓶身错落摆放，增强了画面的动感，避免了画面的乏味感。广告的目的在于展示产品，因此将餐桌、墙面作为背景，使产品更加贴近观者。图7-27所示为【顶】视图和【前】视图展示的空间布局。

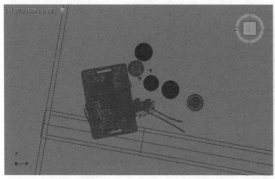

图7-27

项目实战

本案例是一个西餐厅的局部场景，主要用于表现酒类的广告效果。主要使用VRayMtl材质、VR_发光材质、多维子/对象材质、VR_混合材质、VR_双面材质制作，灯光主要使用VR_太阳、VR-灯光制作。本案例的重点在于复杂材质的制作方法以及景深效果的模拟。

操作步骤

1. 设置 VRay 渲染器

❶ 打开本书场景文件，如图7-28所示。

❷ 按F10键，打开【渲染设置】对话框，设置【渲染器】为V-Ray Adv 3.00.08，如图7-29所示。

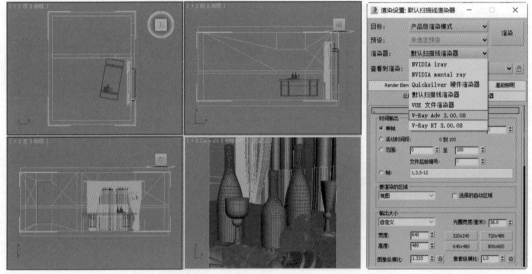

图7-28   图7-29

❸ 此时在【指定渲染器】卷展栏的【产品级】后面显示了V-Ray Adv 3.00.08，【渲染设置】对话框中出现了V-Ray、GI、【设置】选项卡，如图7-30所示。

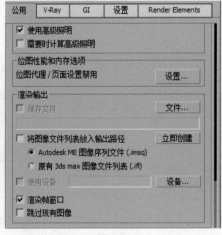

图7-30

2. 材质的制作

下面介绍场景中的主要材质的调节，包括酒瓶1、酒瓶2、酒瓶3、餐桌、窗纱、绿色遮光窗帘、环境、高脚杯、面包材质等。效果如图7-31所示。

图7-31

1）酒瓶材质的制作

❶ 选择一个空白材质球，将【材质类型】设置为【多维/子对象】材质，命名为【酒瓶1】。在【多维/子对象基本参数】卷展栏下单击【设置数量】按钮，设置数量为4。在ID1后面的通道上加载VRayMtl材质，将其命名为【1】。在ID2后面的通道上加载VRayMtl材质，将其命名为【2】。在ID3后面的通道上加载VRayMtl材质，将其命名为【3】。在ID4后面的通道上加载【VR_混合材质】，将其命名为【标签】，如图7-32所示。

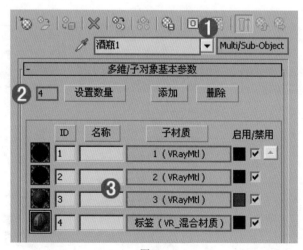

图7-32

② 单击进入ID1后面的通道，设置【漫反射】颜色为深灰色。设置【反射】颜色为浅灰色，选中【菲涅耳反射】复选框。设置【折射】颜色为浅灰色，选中【影响阴影】复选框，设置【折射率】为1.517，设置【烟雾颜色】为绿色，设置【烟雾倍增】为0.8，如图7-33所示。

③ 单击进入ID2后面的通道，设置【漫反射】颜色为深灰色。设置【反射】颜色为浅灰色，选中【菲涅耳反射】复选框。设置【折射】颜色为浅灰色，选中【影响阴影】复选框，设置【折射率】为1.33，设置【烟雾颜色】为深红色，设置【烟雾倍增】为0.01，如图7-34所示。

图7-33

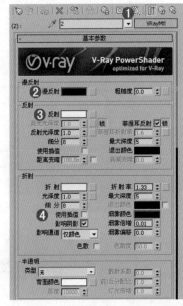

图7-34

④ 单击进入ID3后面的通道，设置【漫反射】颜色为咖啡色，设置【反射】颜色为深灰色，设置【反射光泽度】为0.75，设置【细分】为30，如图7-35所示。

⑤ 单击进入ID4后面的通道，在【基本材质】通道上加载VRayMtl材质。单击进入VRayMtl材质，设置【漫反射】颜色为深灰色，设置【反射】颜色为浅灰色，选中【菲涅耳反射】复选框，设置【菲涅耳折射率】为1.8，设置【折射】颜色为浅绿色，设置【折射率】为1.517，选中【影响阴影】复选框，如图7-36所示。

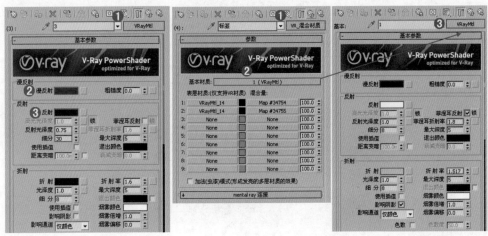

图7-35

图7-36

⑥ 在【表层材质】下面【1】的材质通道上加载【VR_双面材质】，在【正面材质】和【背面材质】后面的通道上分别加载VRayMtl材质。单击进入【正面材质】后面的通道，在【漫反射】后面的通道上加载【标签01.jpg】贴图文件，展开【坐标】卷展栏，选中【在背面显示贴图】复选框，设置【贴图通道】为1，设置【瓷砖】的U为3.5，将【模糊】设置为0.4，设置【反射】颜色为深灰色，设置【反射光泽度】为0.7。单击进入【背面材质】后面的通道，设置【漫反射】颜色为浅黄色，如图7-37所示。

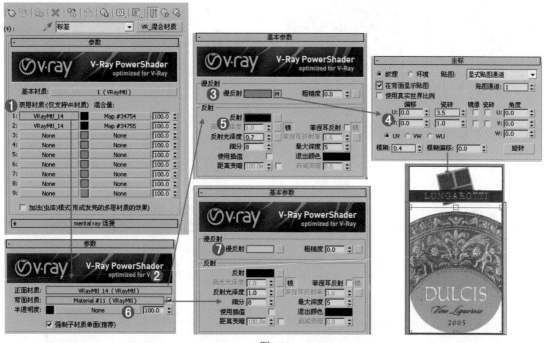

图7-37

⑦ 在【表层材质】下面【1】的贴图通道上加载【颜色修正】程序贴图，在下面的通道上加载【标签01.jpg】贴图文件。展开【坐标】卷展栏，选中【在背面显示贴图】复选框，设置【贴图通道】为1，设置【瓷砖】的U为3.5，将【模糊】设置为0.4，如图7-38所示。

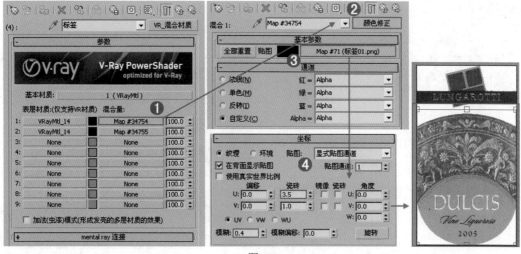

图7-38

⑧ 将调节完成的【酒瓶】材质赋予场景中的酒瓶1模型，如图7-39所示。

图7-39

2）餐桌材质的制作

① 选择一个空白材质球，将【材质类型】设置为【多维/子对象】材质，命名为【餐桌】。在【多维/子对象基本参数】卷展栏中单击【设置数量】按钮，设置数量为2。在ID1后面的通道上加载VRayMtl材质，将其命名为【餐桌木纹】。在ID2后面的通道上加载VRayMtl材质，将其命名为【餐桌黑镜】，如图7-40所示。

图7-40

② 单击进入ID1后面的通道。在【漫反射】选项组中的通道上加载【黑檀木.jpg】贴图文件。在【反射】选项组中的通道上加载【衰减】程序贴图，设置【衰减类型】为Fresnel。设置【高光光泽度】为0.7，设置【反射光泽度】为0.85，设置【细分】为50，如图7-41所示。

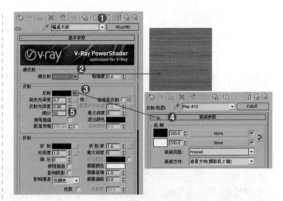

图7-41

③ 单击进入ID2后面的通道，在【漫反射】选项组中设置颜色为深灰色，在【反射】选项组中设置颜色为深灰色，如图7-42所示。

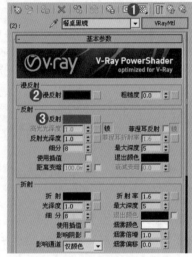

图7-42

④ 将调节完成的【餐桌】材质赋予场景中的餐桌模型，如图7-43所示。

图7-43

3）窗纱材质的制作

❶ 选择一个空白材质球，将【材质类型】设置为VRayMtl，命名为【窗纱】。在【漫反射】选项组中的通道上加载【衰减】程序贴图，在【衰减参数】卷展栏中设置两个颜色均为浅灰色。在【反射】选项组中设置颜色为深灰色，设置【反射光泽度】为0.65、【细分】为12，选中【菲涅耳反射】复选框。在【折射】选项组中设置颜色为深灰色，选中【影响阴影】复选框，如图7-44所示。

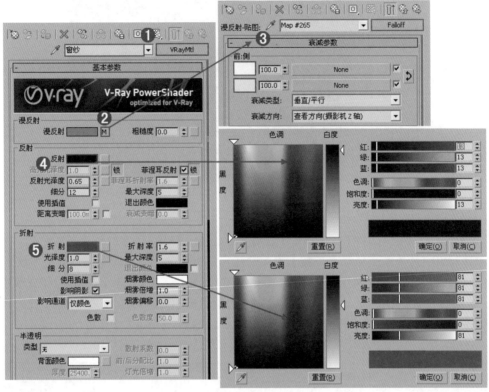

图7-44

❷ 展开【贴图】卷展栏，在【不透明度】通道上加载【窗纱.jpg】贴图文件，设置【瓷砖】的U为2、V为3，如图7-45所示。

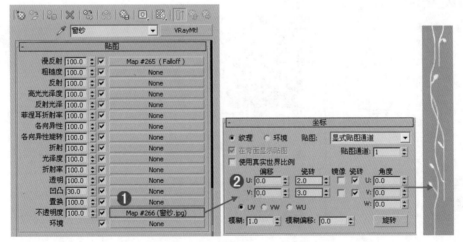

图7-45

❸ 将调节完成的【窗纱】材质赋予场景中的透明窗帘模型，如图7-46所示。

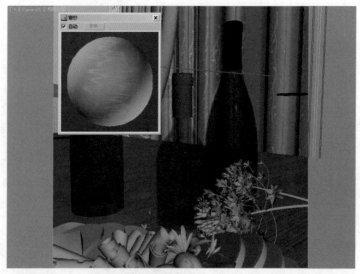

图7-46

4）绿色遮光窗帘材质的制作

❶ 选择一个空白材质球，将【材质类型】设置为VRayMtl，命名为【绿色遮光窗帘】。在【漫反射】选项组中的通道上加载【衰减】程序贴图，在两个颜色后面的通道上分别加载【复件arch60_043_text04.jpg】贴图文件，设置【瓷砖】的U和V均为10。在【反射】选项组中设置颜色为深灰色、【反射光泽度】为0.6、【细分】为12。在【折射】选项组中设置颜色为深灰色、【光泽度】为0.9、【细分】为12，选中【影响阴影】复选框，设置【影响通道】为【颜色+alpha】，如图7-47所示。

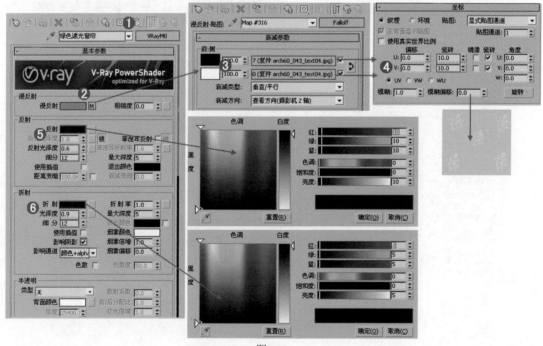

图7-47

❷ 将调节完成的【绿色遮光窗帘】材质赋予场景中的绿色遮光窗帘模型，如图7-48所示。

图7-48

5）环境材质的制作

❶ 选择一个空白材质球，将【材质类型】设置为【VR_发光材质】，命名为【环境】，设置强度为4.0，在颜色后面的通道上加载【环境.jpg】贴图文件，如图7-49所示。

图7-49

❷ 将调节完成的【环境】材质赋予场景中的环境模型，如图7-50所示。

图7-50

6）面包材质的制作

1 选择一个空白材质球，将【材质类型】设置为VRayMtl，命名为【面包】。在【漫反射】选项组中的通道上加载【面包.jpg】贴图文件。在【反射】选项组中设置颜色为浅褐色、【反射光泽度】为0.6、【细分】为12，选中【菲涅耳反射】复选框。在【折射】选项组中设置颜色为深灰色、【光泽度】为0.6、【细分】为14，选中【影响阴影】复选框，设置【折射率】为1.3。在【半透明】选项组中将【类型】设置为【硬（蜡）模型】，在【背面颜色】后面的通道上加载【面包.jpg】贴图文件，如图7-51所示。

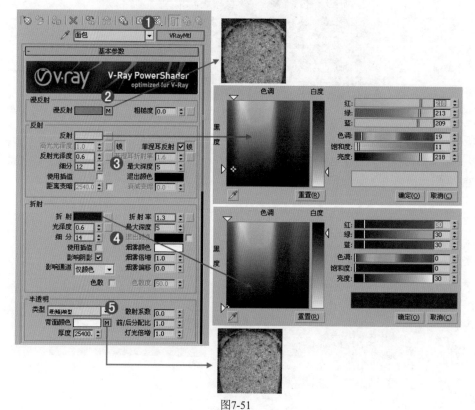

图7-51

2 展开【贴图】卷展栏，在【凹凸】后面的通道上加载【面包-黑白.jpg】贴图文件，设置【模糊】为0.1，如图7-52所示。

图7-52

❸将调节完成的【面包】材质赋予场景中的面包模型，如图7-53所示。

图7-53

❹继续创建其他部分的材质，如图7-54所示。

图7-54

3. 创建摄影机和环境

❶单击 📷（创建）|📷（摄影机）| 标准 ▼ | 目标 按钮，如图7-55所示。在视图中拖曳创建一台摄影机，具体位置如图7-56所示。

图7-55

图7-56

2 选择创建的摄影机，切换到【修改】命令面板，设置【镜头】为43.456、【视野】为45.0，如图7-57所示。

图7-57

3 按C键切换到摄影机视图，如图7-58所示。

图7-58

4. 设置灯光并进行草图渲染

首先需要设置测试渲染的渲染器参数。

1 按F10键，在打开的【渲染设置】对话框中选择【公用】选项卡，设置输出的尺寸为500×450，如图7-59所示。

2 选择V-Ray选项卡，展开【图像采样器（抗锯齿）】卷展栏，设置【类型】为【固定】，在【抗锯齿过滤器】选项组中取消选中【开启】复选框。展开【颜色映射】卷展栏，设置【类型】为【VR_指数】，选中【子像素映射】和【钳制

输出】复选框，如图7-60所示。

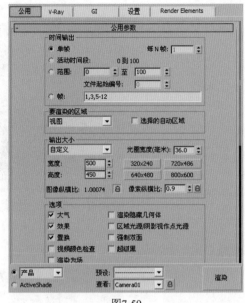

图7-59

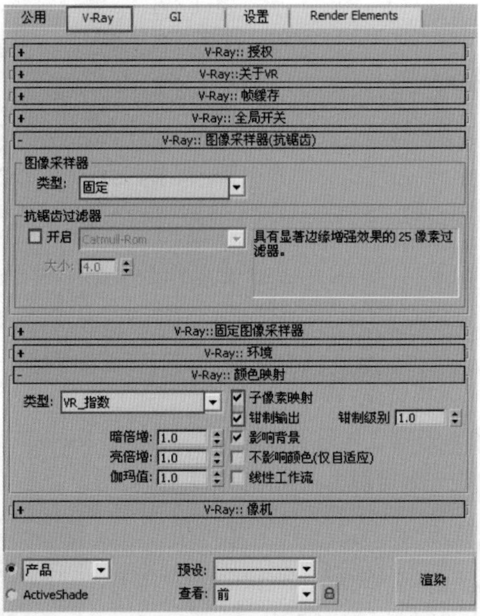

图7-60

3 展开【环境】卷展栏，选中【全局照明环境（天光）覆盖】选项组中的【开】复选框，设置【倍增器】为2.0。展开【像机】卷展栏，选中【景深】选项组中的【开启】复选框，设置【光圈】为5.0mm，选中【从相机获取】复选框，设置【细分】为8，如图7-61所示。

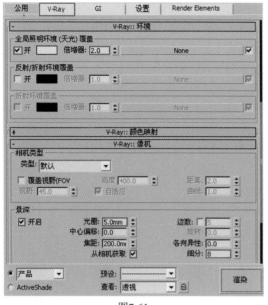

图7-61

4 选择GI选项卡，设置【首次反弹】为【发光贴图】，设置【二次反弹】为【灯光缓存】。展开【发光贴图】卷展栏，设置【当前预置】为【非常低】，设置【半球细分】为40、【插值采样值】为10，选中【显示计算过程】和【显示直接照明】复选框，如图7-62所示。

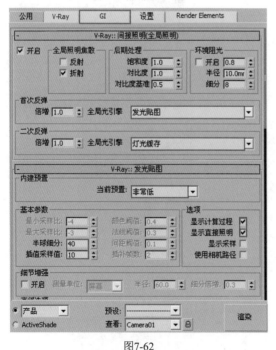

图7-62

5 展开【灯光缓存】卷展栏，设置【细分】

为400，取消选中【保存直接光】复选框，如图7-63所示。

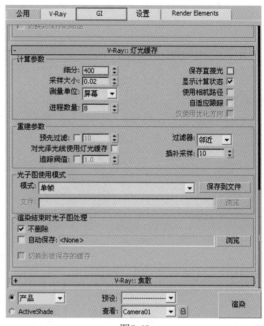

图7-63

6 选择【设置】选项卡，展开【DMC采样器】卷展栏，设置【自适应数量】为0.95，展开【系统】卷展栏，设置【区域排序】为【从上→下】，取消选中【显示信息窗口】复选框，如图7-64所示。

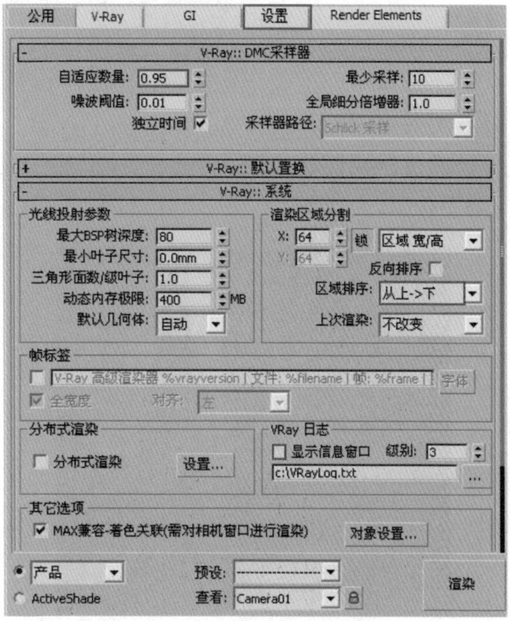

图7-64

1)太阳光的制作

1 单击 （创建）| （灯光）| VR太阳 按钮，在【前】视图中创建一盏灯光，具体位置如图7-65所示。

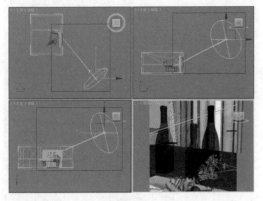

图7-65

2 选择上一步创建的【VR太阳】，在【VR_太阳参数】卷展栏下设置【强度倍增】为0.2、【尺寸倍增】为5.0、【阴影细分】为15，如图7-66所示。

图7-66

3 按Shift+Q组合键，快速渲染摄影机视图，渲染效果如图7-67所示。

图7-67

2)窗口处灯光的制作

1 单击 （创建）| （灯光）| VR-灯光 按钮，在【前】视图中创建一盏灯光，大小与左侧的玻璃窗户基本一致，将它移动到玻璃窗户的外面，具体位置如图7-68所示。

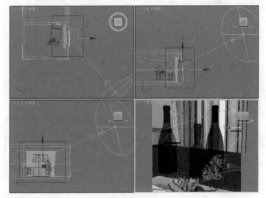

图7-68

2 选择上一步创建的VR灯光，设置【类型】为【平面】，设置【倍增器】为20.0，设置【半长度】为1128.521mm、【半宽度】为1006.798mm，选中【不可见】复选框，设置【细分】为15，如图7-69所示。

图7-69

❸ 按Shift+Q组合键，快速渲染摄影机视图，渲染效果如图7-70所示。

图7-70

3）室内辅助灯光的制作

❶ 单击 ⊡（创建）| ☑（灯光）| VR-灯光 按钮，在【前】视图中创建一盏灯光，放置到场景右侧，具体位置如图7-71所示。

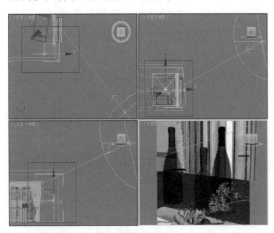

图7-71

❷ 选择上一步创建的VR灯光，设置【类型】为【平面】，设置【倍增器】为5.0，设置【半长度】为1128.521mm、【半宽度】为1006.798mm，选中【不可见】复选框，如图7-72所示。

❸ 按Shift+Q组合键，快速渲染摄影机视图，渲染效果如图7-73所示。

图7-72

图7-73

❹ 单击 ⊡（创建）| ☑（灯光）| VR-灯光 按钮，在【前】视图中创建一盏灯光，放置到场景右侧，具体位置如图7-74所示。

❺ 选择上一步创建的VR灯光，设置【类型】为【平面】，设置【倍增器】为2.0，设置【半长度】为1128.521mm、【半宽度】为1006.798mm，选中【不可见】复选框，如图7-75所示。

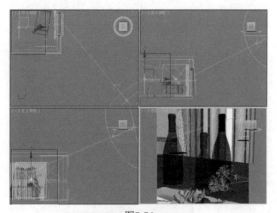

图7-74

图7-75

⑥ 按Shift+Q组合键，快速渲染摄影机视图，渲染效果如图7-76所示。

图7-76

5. 设置成图渲染参数

经过前面的操作，已经将大量烦琐的工作做完了，下面需要做的就是把渲染的参数设置高一些，再进行渲染输出。

❶ 选择【公用】选项卡，设置输出的尺寸为1500×1349，如图7-77所示。

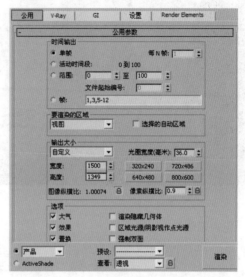

图7-77

❷ 选择V-Ray选项卡，展开【图像采样器（抗锯齿）】卷展栏，设置【类型】为【自适应DMC】，在【抗锯齿过滤器】选项组中选中【开启】复选框，选择Catmull-Rom。展开【颜色映射】卷展栏，设置【类型】为【VR_指数】，选中【子像素映射】和【钳制输出】复选框，如图7-78所示。

图7-78

❸ 选择V-Ray选项卡，展开【环境】卷展栏，选中【全局照明环境（天光）覆盖】选项组中的【开】复选框，设置【倍增器】为2.0。展开【像机】卷展栏，选中【景深】下的【开启】复选框，设置【光圈】为5.0mm，选中【从相机获取】复选框，设置【细分】为8，如图7-79所示。

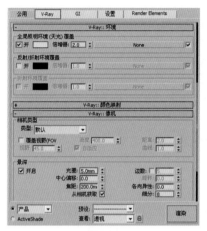

图7-79

❹ 选择GI选项卡，展开【发光贴图】卷展栏，设置【当前预置】为【低】，设置【半球细分】为50、【插值采样值】为20，如图7-80所示。

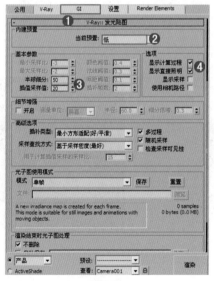

图7-80

❺ 展开【灯光缓存】卷展栏，设置【细分】为1000，选中【保存直接光】和【显示计算状态】复选框，如图7-81所示。

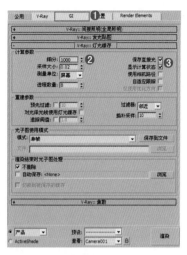

图7-81

❻ 选择【设置】选项卡，展开【系统】卷展栏，设置【区域排序】为【从上→下】，取消选中【显示信息窗口】复选框，如图7-82所示。

图7-82

❼ 等待一段时间后就渲染完成了，最终的效果如图7-83所示。

图7-83

第**8**章

动画设计

· **本章概述** ·

　　动画是通过快速、连续播放的一系列图画形成的，由于人类自身所具有的"视觉暂留"特性，使这些快速切换的且相邻的画面在大脑中产生滞留效应，将两个画面连接，给人以流畅的视觉播放效果。与传统的动画片的概念不同，动画是一门综合艺术。本章主要从动画设计的概念、动画设计的常见类型、动画设计的内容以及动画设计的表现手法四个方面来介绍。

动画设计概述

动画设计是一门集合了绘画、电影、摄影、数字媒体、音乐、文学等多种技术的综合艺术表现形式。动画设计使静态的人物与场景在二维平面与三维空间中动起来，并通过剧本、形象的补充为动画进行艺术加工。动画设计的方向主要包括二维动画、三维动画、定格动画、实验动画、视觉特效、游戏设计、影视后期等分支。

8.1.1 什么是动画设计

将静态的、不具有生命特征的对象通过艺术化的加工与处理，使其成为动态的、有生命特征的影像的过程，便是动画设计。动画设计画面示例如图8-1所示。

图8-1

8.1.2 动画设计的常见类型

动画设计是运用动画原理，实现静态对象"动"起来的设计与创造过程，是动画制作中最关键的部分；其目的在于赋予静态角色以生命与性格。面对不同的受众群体，动画存在不同的用途、风格、定位，这也就对动画设计工作提出了不同的要求。可从以下几个角度对动画设计进行分类。

1.按技术形式分类

根据技术形式的不同，可将动画分为手绘动画、摆拍动画、电脑动画、合成动画等几种类型。

手绘动画：通过手绘的方式在不同材料表面进行动画制作。主要有赛璐珞动画、传统手绘纸质动画、玻璃动画、沙画与水墨动画等，如图8-2所示。

图8-2

摆拍动画：是根据导演的意图，设定场景与情节，使被拍摄者逐帧进行表演，然后将每帧影像合成，最终形成完整的动画成片。包括纸偶动画、剪影动画、剪纸动画、木偶动画、黏土动画、实物动画、真人动画等，如图8-3所示。

图8-3

电脑动画：根据空间形态的不同，可以分为二维动画和三维动画两种类型，如图8-4所示。

图8-4

合成动画：是指动画与真人相结合或是二维动画与三维动画的结合等，如图8-5所示。

图8-5

2.按传播途径分类

根据传播渠道的不同，可将动画分为影视动画、电视动画、网络动画等。

影视动画：是指在电影上播出的动画类型，通过大场面的艺术处理，追求极致的视觉冲击。

电视动画：根据观者的定位，进行动画内容的构思。从角色塑造、性格、剧情等角度形成不同的定位，通过节奏与剧情吸引观众。

网络动画：通过互联网途径进行传播的动画作品，具有成本低廉，传播速度快、范围广，观看随意等特点，如图8-6所示。

图8-6

3.按应用领域分类

根据动画应用的领域可分为广告特效动画、影视包装、影视特效动画、游戏动画、交互式动画等。

广告特效动画：通过动画形象宣传产品，使广告更具趣味性与亲和力，如图8-7所示。

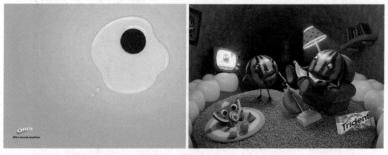

图8-7

影视包装：在影视或节目中出现，通过节目片段或人物与动画或特效的结合，具有概括、宣传影视作品的作用，如图8-8所示。

图8-8

影视特效动画：当现实中不存在或没有满足剧本和情节需要的场景时，便需要根据剧本和情节来进行特效动画的制作，最终完成影视剧本的拍摄与呈现，如图8-9所示。

图8-9

游戏动画：游戏动画设计包括角色动作、界面、道具、剧情、程序、配置等内容的设计，如图8-10所示。

图8-10

交互式动画： 交互式动画在播放时可以接受控制，对观者的操作进行反馈，如图8-11所示。

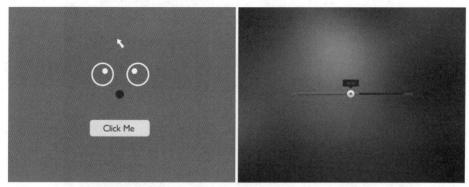

图8-11

8.1.3 动画设计的内容

动画设计的流程分为前期、中期与后期三个阶段，在不同的阶段所进行的工作内容各有不同。动画作品制作的环节大致包括前期策划、原画设计、分镜头设计、场景制作、角色制作、动作设计、渲染合成、剪辑配乐等环节的文字、美术、音乐等众多内容。动画设计中的视觉部分设计内容主要包括以下几个方面。

美术设计： 是定义整个动画设计的风格、基调，以其为基准进行后续创作，如图8-12所示。

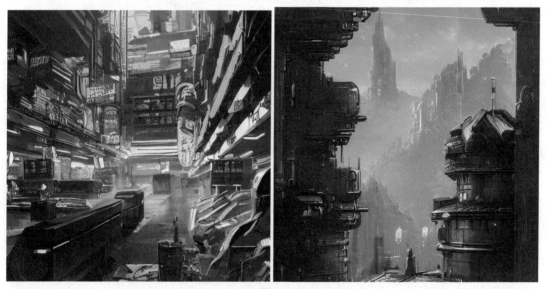

图8-12

造型设计： 是对动画作品中角色形象、服装服饰、常用道具等元素进行的设计，充分体现出不同角色的个性特征，如图8-13所示。

图8-13

背景设计：是指具有特定指向性的地点与时间的环境或场景的设计，例如湖面、天空或是现代、古代等不同地点。背景设计中包括了场景、道具、造型、色彩色调等方面元素，如图8-14所示。

图8-14

动作设计：包括常规行走动作、加速或慢放等变化形态，常规表情、特殊表情、性格化动作、幽默化处理，如图8-15所示。

图8-15

8.1.4 动画设计的表现手法

动画设计运用不同的表现手法，可以呈现出独特、具有个性的艺术审美与亲和力，获得观众的喜爱。动画设计主要有以下几种表现手法。

夸张变形： 适度地夸张可以强化情绪、情感的表现，有利于强化角色形象与性格的塑造，使其具有鲜明的个性特征。夸张主要分为表情与动作两方面的内容。

联想： 在进行造型设计时对角色形象进行联想重构，形成耳目一新的效果。例如拟人化处理动物、工具等。

符号化： 通过简单的元素，强化造型特征的认知。例如通过"zzz"三个字母表现睡觉的场景，使用灯泡元素表现人物想法等。

体面动态： 正、背、侧、仰、俯等不同角度以及走、跑、跳、表情等动态特征可以表现不同的气氛与人物心理状态，如图8-16所示。

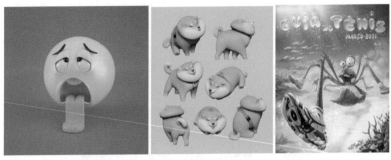

图8-16

8.2 动画效果设计实战

8.2.1 实例：舞台撒花动画效果

设计思路

案例类型：

本案例是舞台撒花效果的关键帧动画设计，作品如图8-17所示。

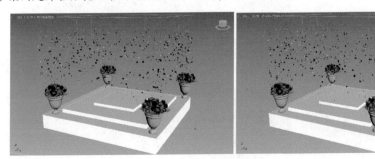

图8-17

项目诉求：

　　本案例是舞台撒花效果的动画制作项目，散落的花瓣与舞台四角的花坛，点缀出喜悦、欢快的气氛。

设计定位：

　　本案例中舞台四角的花坛作为花瓣效果的目标点，使撒花效果在不同的变化操作后落于舞台四角，打造丰富、绚丽的舞台效果。

动画方式

　　本案例首先创建暴风雪粒子效果，而后修改粒子形状，制作散落的花瓣并使其向单侧的两个花坛散落。完成操作后，通过对其散落方向的改变制作出最终效果。通过移动、复制操作将花瓣向另一侧移动并复制出相同的一份，选择全部粒子对象执行旋转命令，最终形成舞台四周撒花、中间镂空的动画效果。

项目实战

操作步骤

① 打开本书场景文件，如图8-18所示。

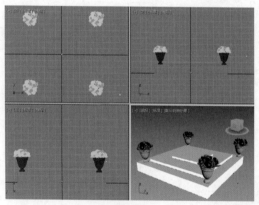

图8-18

② 单击【创建】➕【几何体】 ◉ 粒子系统 ▼ 暴风雪 按钮，如图8-19所示。在【顶】视图中按住鼠标左键拖曳进行创建，如图8-20所示。

图8-19

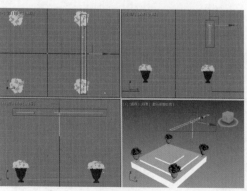

图8-20

❸ 创建完成后单击【修改】按钮 ，在【基本参数】卷展栏中设置【宽度】为500.0mm、【长度】为13000.0mm，选中【网格】单选按钮，设置【粒子数百分比】为100.0%，展开【粒子生成】卷展栏，选中【使用速率】单选按钮并设置其数值为10，设置【速度】为268.0mm、【发射开始】为-100、【发射停止】为100，展开【粒子类型】卷展栏，选中【实例几何体】单选按钮，单击【拾取对象】按钮，在【顶】视图中单击花瓣素材进行拾取，如图8-21所示。

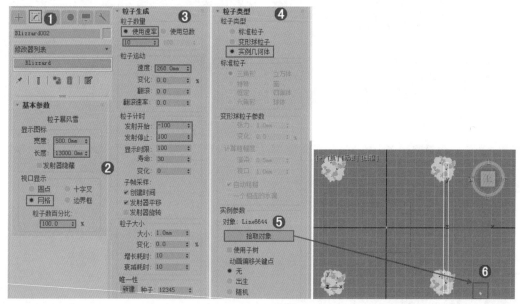

图8-21

❹ 此时的画面效果如图8-22所示。

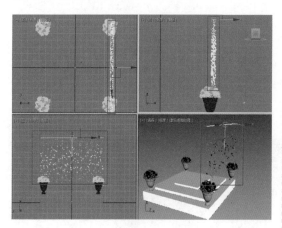

图8-22

❺ 进入【顶】视图，按住Shift键并按住鼠标左键，将其沿着X轴向左平移并复制，放置在合适的位置后释放鼠标。在弹出的【克隆选项】对话框中设置【对象】为【复制】、【副本数】为1，单击【确定】按钮，如图8-23所示。

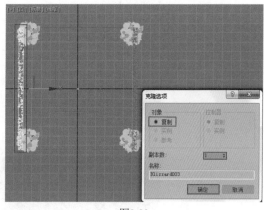

图8-23

❻ 按住Ctrl键将左右两侧的粒子对象进行加选，执行【组】|【组】命令，将其进行编组，如图8-24所示。单击激活【选择并旋转】按钮 和【角度捕捉切换】按钮 ，按住Shift键并按住鼠标左键，在【顶】视图中将其沿着Z轴旋转90°，旋转完成后释放鼠标，在弹出的【克隆选项】对话框中设置【对象】为【复制】、【副本数】为1，如图8-25所示。

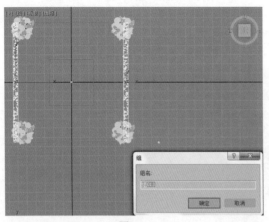

图8-24

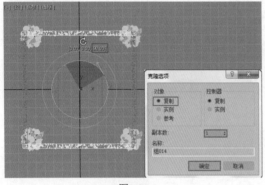

图8-25

7 此时拖动时间线或者单击【播放动画】按
钮▶可以观察到最终的动画效果，如图8-26
所示。

图8-26

8.2.2 实例：掉落的球体动画效果

设计思路

案例类型：

本案例是掉落的球体动画效果设计项目，作品如图8-27所示。

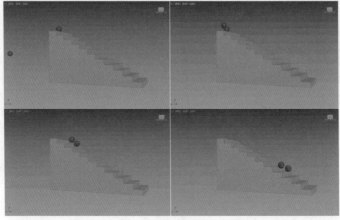

图8-27

项目诉求：

　　本案例主要使用动力学制作球体掉落的动画效果。两个球体在相撞后沿着楼梯滚落，给人带来活泼、轻快、自由的感受。

设计定位：

　　本案例中球体从出现到相撞后相继滚落的过程，给人带来灵动、轻盈的感受，整段动画展现出鲜活、有趣的特点。

动画方式

　　本案例首先制作坡度较为平缓的楼梯与球体所要沿着运动的轨迹线条。之后创建两个球体，控制球体在先前创建的路径上行走；在控制其中一个球体进行移动后，选择另一个球体，使其在被前面的球体碰撞后产生反应，形成移动的过程，最终二者共同从楼梯掉落。

项目实战

操作步骤

❶ 单击 **十**【创建】|**●**【几何体】| 楼梯 ▼ | 直线楼梯 按钮，如图8-28所示。

图8-28

❷ 在【顶】视图中创建楼梯。在【参数】卷展栏中选中【落地式】单选按钮，设置【长度】为4000.0mm、【宽度】为1400.0mm、【总高】为2160.0mm、【竖板高】为180.0mm，如图8-29所示。

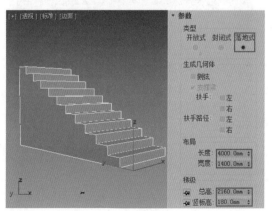

图8-29

❸ 单击 **十**【创建】|**⌕**【图形】| 样条线 ▼ | 线 按钮，如图8-30所示。在【左】视图中绘制样条线，如图8-31所示。

图8-30

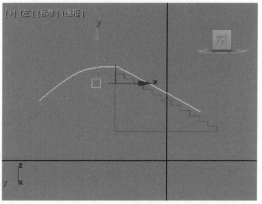

图8-31

④ 单击➕【创建】|●【几何体】| 标准基本体 ▼ |
球体 按钮，如图8-32所示。在【左】视
图中创建两个球体，设置球体的【半径】为
120.0mm、【分段】为32，如图8-33所示。

图8-32

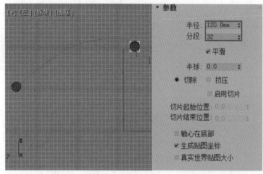

图8-33

⑤ 选择其中一个球体，执行【动画】|【约束】|
【路径约束】命令，如图8-34所示。此时场景中
会出现一条虚线，单击场景中的样条线，使二者
之间成为约束与被约束的关系，如图8-35所示。
此时拖动时间线滑块可以看到被约束的球体沿着
线条进行移动。

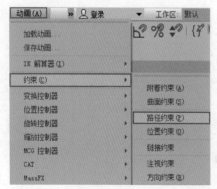

图8-34

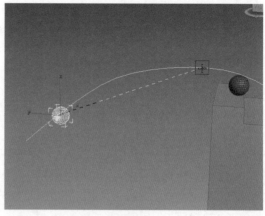

图8-35

⑥ 在主工具栏的空白处右击，在弹出的快捷菜
单中选择【MassFX 工具栏】命令，弹出MassFX
工具栏，如图8-36所示。选择被约束的球体，单
击【将选定项设置为运动学刚体】按钮●，如
图8-37所示。

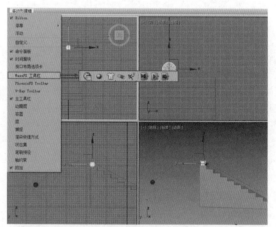

图8-36

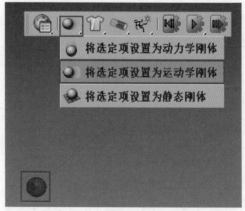

图8-37

⑦ 选择楼梯上的球体，单击【将选定项设置为动力学刚体】按钮，如图8-38所示。单击【MassFX工具】按钮，单击【多对象编辑器】按钮，在【刚体属性】卷展栏中选中【在睡眠模式中启动】复选框，如图8-39所示。

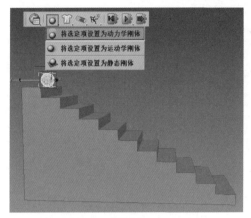

图8-38

图8-39

⑧ 选择楼梯模型，单击【将选定项设置为静态刚体】按钮，如图8-40所示。

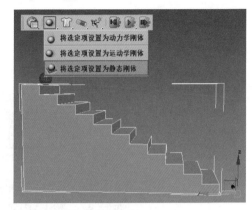

图8-40

⑨ 单击【MassFX工具】按钮，单击【模拟工具】按钮，单击 烘焙所有 按钮，如图8-41所示。

图8-41

⑩ 等待一段时间后，动画就烘焙到了时间线上。拖动时间线滑块或者单击【播放动画】按钮，即可以看到动画的整个过程，如图8-42所示。

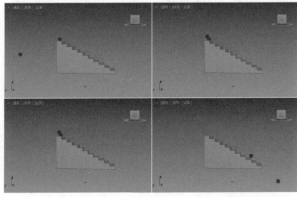

图8-42

8.2.3 实例：文字破碎分离动画效果

案例类型：

本案例是文字分离效果的动画设计项目，作品如图8-43所示。

图8-43

项目诉求：

本案例主要应用动力学制作文字分离效果。立体文字向左右两侧分裂，打造出文字分离的效果。

设计定位：

本案例中四棱锥左右两侧作为文字分裂后所要贴合的界面，顶端文字分离为两端后迅速贴合四棱锥两个侧面，给人带来顺滑、利落的感受。

动画方式

本案例首先创建四棱锥并进行参数的设置，之后分别创建所要进行分离效果展现的左右两侧文本。文本创建完成后使用"动力学"技术制作沿着四棱锥左右的侧面向下掉落的动画效果。最终形成文字沿着锥体分离的效果。

项目实战

操作步骤

❶ 单击 ➕【创建】|【几何体】| 标准基本体 ▾ |四棱锥 按钮，如图8-44所示。在透视图中创建四棱锥。创建完成后设置【宽度】为333.0mm、【深度】为150.0mm、【高度】为118.0mm，如

图8-45所示。

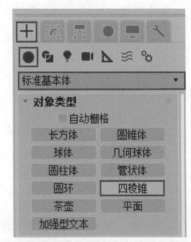

图8-44

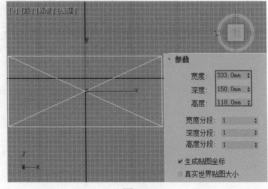

图8-45

② 单击➕【创建】|【图形】| 样条线 ▼ | 文本 按钮，如图8-46所示。在【前】视图中单击鼠标左键进行文本的创建。设置合适的字体，单击激活 *I* （倾斜）和 U （下划线）按钮，设置【大小】为100.0mm、【文本】为Colla，如图8-47所示。

图8-46

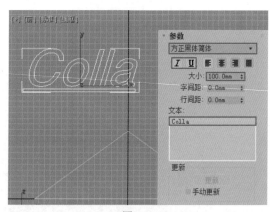

图8-47

③ 为上一步创建的文本加载【挤出】修改器，设置【数量】为50.0mm、【输出】为【面片】，如图8-48所示。此时效果如图8-49所示。

图8-48

图8-49

④ 使用同样的方法制作另一组文字，效果如图8-50所示。

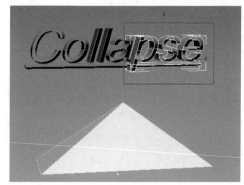

图8-50

⑤ 在主工具栏的空白处单击鼠标右键，在弹出的快捷菜单中执行【MassFX 工具栏】命令，弹出MassFX工具栏，如图8-51所示。选择场景中所有的文本，单击【将选定项设置为动力学刚体】按钮 ，如图8-52所示。

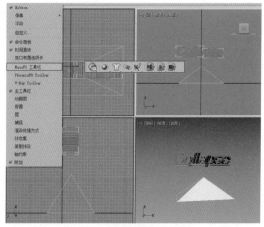

图8-51

图8-52

6 选择四棱锥模型，单击【将选定项设置为静态刚体】按钮 ，如图8-53所示。

图8-53

7 单击【MassFX工具】按钮 ，单击【模拟工具】按钮 ，单击 烘焙所有 按钮，如图8-54

所示。

图8-54

8 等待一段时间后，动画就烘焙到了时间线上。拖动时间线滑块或者单击【播放动画】按钮 ，即可看到动画的整个过程，如图8-55所示。

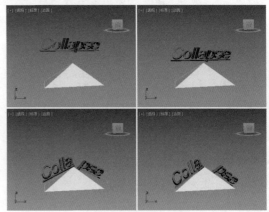

图8-55